FORSCHUNGSBERICHT DES LANDES NORDRHEIN-WESTFALEN

Nr. 2933/Fachgruppe Maschinenbau/Verfahrenstechnik

Herausgegeben vom Minister für Wissenschaft und Forschung

Prof. Dr.-Ing. Manfred Weck
Dr.-Ing. Alfred Heimann
Dipl.-Ing. Peter Steinke

Laboratorium für Werkzeugmaschinen und Betriebslehre
der Rhein.-Westf. Techn. Hochschule Aachen

Lehrstuhl für Werkzeugmaschinen

Katalog zur Auswahl günstiger Geometrieformen für statisch belastete Maschinenbetten

Westdeutscher Verlag 1980

Der Katalog entstand aus den Forschungsvorhaben:

Rechnerische Analyse des statischen Verhaltens von Gestellbauteilen zur Bestimmung geeigneter Rechenmodelle und zur Erstellung eines Kataloges berechneter und bewerteter Lösungsbeispiele für Gestelle.

Anwendung von rechnerischen Optimierungsverfahren zur beanspruchungsgerechten Auslegung von Gestellbauteilen und zur Aufstellung von Konstruktionskatalogen

CIP-Kurztitelaufnahme der Deutschen Bibliothek

Weck, Manfred:
Katalog zur Auswahl günstiger Geometrieformen für statisch belastete Maschinenbetten / Manfred Weck ; Alfred Heimann ; Peter Steinke. - Opladen : Westdeutscher Verlag, 1980.
(Forschungsberichte des Landes Nordrhein-Westfalen ; Nr. 2933 : Fachgruppe Maschinenbau, Verfahrenstechnik)
ISBN 978-3-531-02933-7 ISBN 978-3-322-88487-9 (eBook)
DOI 10.1007/978-3-322-88487-9

NE: Heimann, Alfred:; Steinke, Peter:

Gesamtherstellung: Westdeutscher Verlag

Inhalt

Verwendete Formelzeichen

Großbuchstaben

A	mm^2	Fläche
B	mm	Breite des Maschinenbettes
E	N/mm^2	Elastizitätsmodul
F	N	Kraft
H	mm	Höhe des Maschinenbettes
M	Nmm	Moment
M	kg	Masse
U	mm	Verschiebung
W	Nmm	Arbeit

Kleinbuchstaben

d	mm	Wanddicke
f	-	Maßstabsfaktor
k	N/mm	Steifigkeit
q	N/mm	Streckenlast
x, y, z	mm	Koordinaten
$\bar{y}$	-	bezogene Breite des Maschinenbettes
$\bar{z}$	-	bezogene Höhe des Maschinenbettes

Griechische Buchstaben

α, β	-	bezogene Koordinaten von Stützstellen
λ	-	Proportionalitätsfaktor
λ	-	Lagrangsche Parameter
μ	-	Querkontraktion
ξ η	-	lokale Koordinaten
ϱ	kg/mm^3	Dichte
φ	rad	Verdrehwinkel
ϕ	kg	Zielfunktion

Matrizen und Vektoren

$[\ ]$	Matrix
$\{\ \}$	Vektor
$[\ ]^T$	transponierte Matrix
$\{\ \}^T$	transponierter Vektor
$[\ ]^{-1}$	inverse Matrix
$[A]$	Hilfsmatrik
$\{B\}$	allgemeiner Belastungsvektor (Komponenten sind Kräfte und Momente)
$\{C\}$	Vektor der Abweichungen der Verschiebungen
$\{F\}$	Kraftvektor
$[K]$	Steifigkeitsmatrix
$\{M\}$	Momentenvektor
$\{U\}$	Verschiebungsvektor
$\{\overline{U}\}$	vorgeschriebener Verschiebungsvektor
$\{r\}$	Ortsvektor
$[\Lambda]$	Matrix mit den Elementen λ
$\{\phi\}$	Vektor der Verdrehungen
$[\psi]$	Antimetrische Matrix mit Verdrehungen als Elemente

Superskripte

I	-	auf den Punkt I bezogen
M	-	auf das Modell M bezogen
O	-	auf den Koordinatenursprung bezogen

Indizes

i, j	-	Laufindizes
j	-	j-te Verrippungsvariante
x, y, z	-	Richtungen des Koordinatensystems

1. Grundlagen

1.1 Rechentechnische Vorgehensweise

Werkzeugmaschinengestelle weisen im allgemeinen eine komplexe geometrische Struktur auf. Ihr Verformungsverhalten und damit ihr Steifigkeitsverhalten war in früheren Jahren nur durch Messungen zu ermitteln.

Die analytische Beschreibung der Verformungen eines solchen Bauteils stößt auf erhebliche Schwierigkeiten. Eine Möglichkeit besteht darin, die Gestellbauteile auf bekannte einfache Körper wie Balken, Platte oder Schale zurückzuführen. Zum einen stellt diese Approximation eine grobe Näherung dar und zum anderen lassen sich für Platte und Schale nur für einfache geometrische Randbedingungen geschlossene Lösungen für die Verformungen finden.

Eine andere Methode, die Probleme in der Statik zu beschreiben, beruht auf Variationsprinzipien. Eine solche Methode ist die nach Ritz. Hierbei wird für den ganzen Körper ein Verschiebungsansatz gemacht. Dies führt bei einer komplexen Struktur wiederum zu Schwierigkeiten. Deshalb wird im nächsten Schritt nur für einen kleinen, lokalen Bereich (finites Element) die Verformung beschrieben. Der daraus folgende Nachteil ist der, daß dadurch ein hoher numerischer Aufwand entsteht, den nur leistungsfähige EDV-Anlagen bewältigen können. Diese letztere Methode nennt man Finite-Element-Methode. Ihr wesentlicher Vorteil besteht darin, beliebig komplexe Strukturen berechnen zu können.

Die Möglichkeit der rechnerischen Analyse von Bauteilen hat gegenüber der meßtechnischen den Vorteil, daß bereits im Konstruktionsstadium eine Aussage über das Steifigkeitsverhalten des Bauteils möglich ist, während mit Hilfe der Meßtechnik erst am fertigen Objekt bzw. an einem zu erstellenden Modell eine Untersuchung durchgeführt werden kann.

Im Werkzeugmaschinenbau treten typische Gestellbauteile, wie es das Maschinenbett ist, immer wieder in verschiedenen Variationen auf. Sie unterscheiden sich im wesentlichen durch ihre geometrischen Abmaße bzw. durch verschiedene Verrippungsformen. Es ist nun sinnvoll, das Spektrum der Verrippungs- und Geometrievarianten hinsichtlich ihres Steifigkeitsverhaltens mit Hilfe der Methode der finiten Elemente durchzurechnen und die Ergebnisse in Form eines Kataloges festzuhalten. Dadurch wird der Konstrukteur in die Lage versetzt, ohne kostenaufwendige Rechnungen für seine Problemstellung mit Hilfe eines Algorithmus, der von Hand bewältigt werden kann, Verformungen an seinem Bauteil auszurechnen bzw. mit Hilfe eines kleinen Fortran Programms ein optimales Maschinenbett auszuwählen.

Im Anhang werden die beiden Möglichkeiten des Kataloges, nämlich Auswahl einer optimalen Verrippung und Berechnung von Verformungen einer Maschine von Hand, nocheinmal an einem Beispiel ausführlich aufgezeigt. Dieser Anhang ist als eigenständiges Kapitel aufzufassen, das auch ohne Kenntnis der vorherigen Kapitel benutzt werden kann.

1.1.1 Elementauswahl

Als Grundlage zur Berechnung der Verformungen diente das am Institut für Werkzeugmaschinen und Betriebslehre der RWTH Aachen entwickelte Programm ELAN /1/.

In den durchgeführten Rechnungen tritt neben einer Biegebelastung des Bauteils auch eine Torsionsbelastung auf. Das hat zur Folge, daß die einzelnen Wände und Verrippungen des Bauteils nicht nur einen ebenen Spannungszustand aufweisen. Es muß deshalb die Struktur des Bauteils durch ebene Schalenelemente approximiert werden. Die im Programmsystem ELAN verwirklichten Elemente stellen eine Koppelung der Scheibe und Platte dar. Im Bild 1.1 sind die beiden im Programmsystem ELAN enthaltenen Schalenelemente dargestellt.

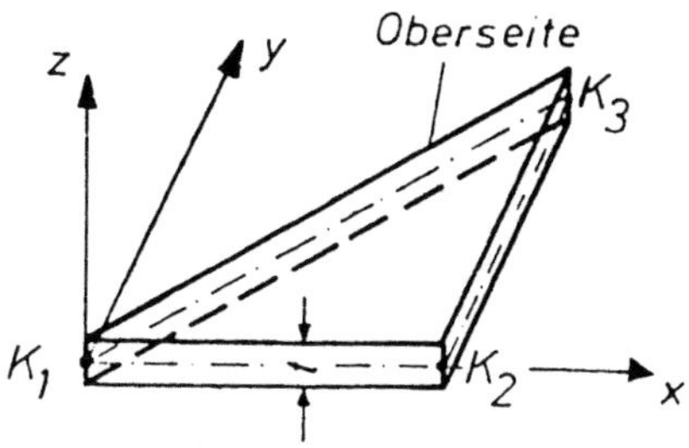

Zahl der Knoten: 3

Freiheitsgrade: U, V, W

ϕ_x, ϕ_y, ϕ_z

an jedem Knoten

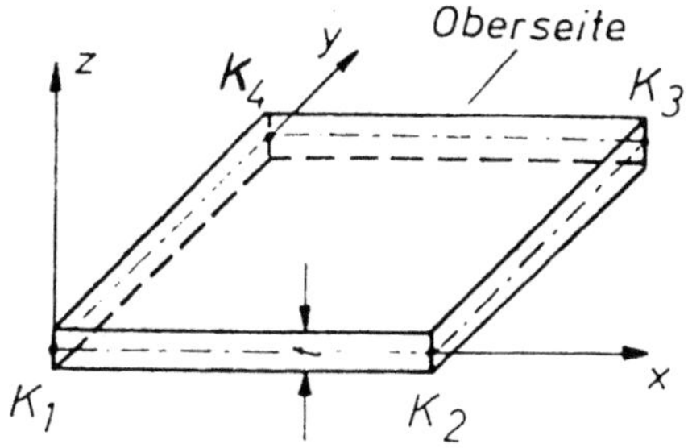

Zahl der Knoten: 4

Freiheitsgrade: U, V, W

ϕ_x, ϕ_y, ϕ_z

an jedem Knoten

Bild 1.1: Ebene Schalenelemente des Programmsystems ELAN

Als Grundlage für die Auswahl des geeigneten Elementes dient sein Konvergenzverhalten. Dabei kann das Konvergenzverhalten des Schalenelementes aus dem entkoppelten Scheiben- und Plattenelement ermittelt werden. Im Bild 1.2 ist das Konvergenzverhalten der Dreieck- und Rechteckscheibe für eine "Schubscheibe" dargestellt.

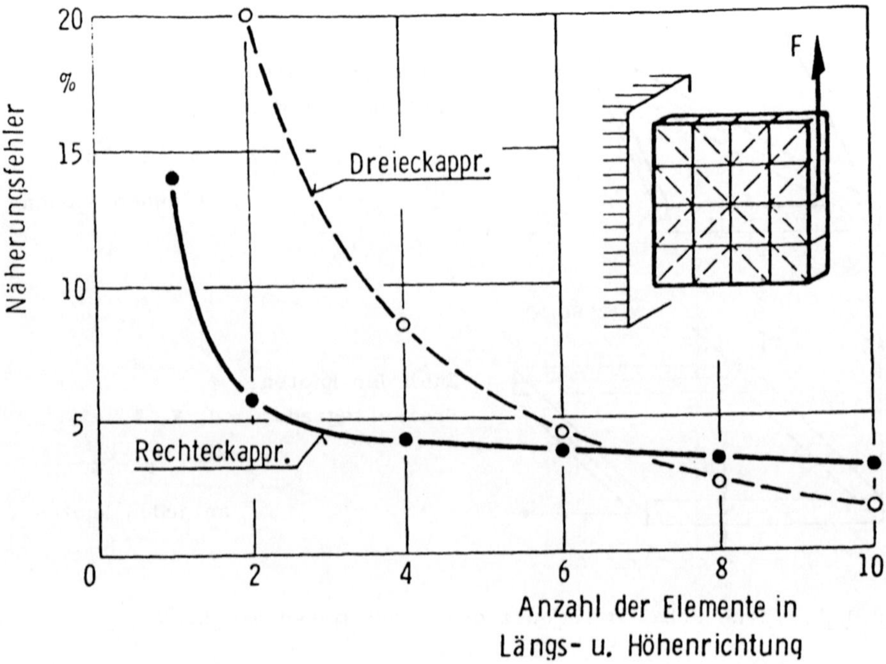

Bild 1.2: Konvergenztest mit Scheibenelementen

Hier ist zu sehen, daß die Rechteckscheibe gegenüber der Dreieckscheibe bei einer kleineren Anzahl von Elementen eine genauere Lösung liefert. Im Bild 1.3 ist der Konvergenztest für eine freigelagerte quadratische Platte (Navier'sche Randbedingung) dargestellt.

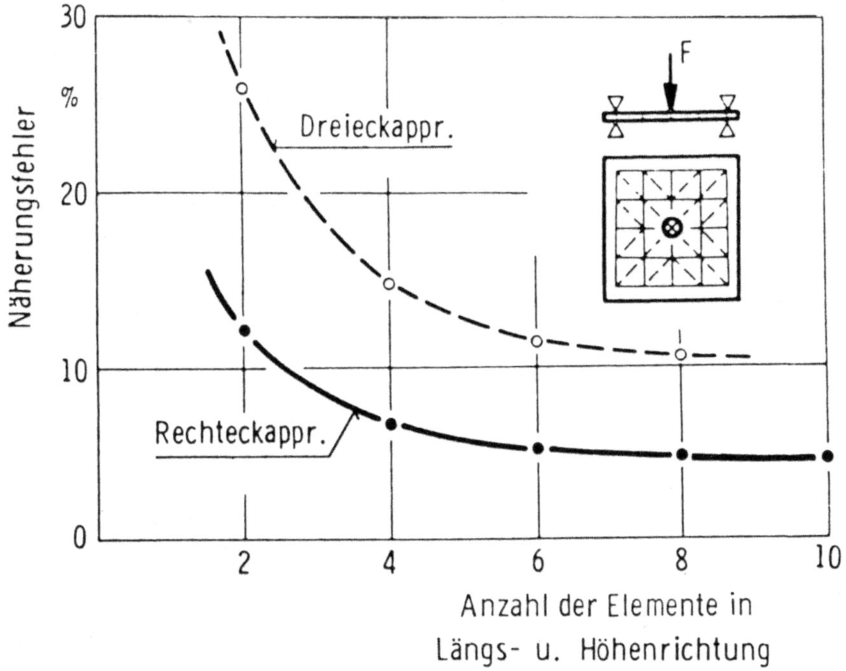

Bild 1.3: Konvergenztest mit Plattenelementen

Rechteckelement und Dreieckelement weisen die gleiche Konvergenzcharakteristik auf, mit dem Unterschied, daß der Näherungsfehler bei der Rechteckplatte immer etwa halb so groß ist.

Aus den Bildern 1.2 und 1.3 geht eindeutig hervor, daß das Konvergenzverhalten des Rechteckelementes jeweils für Scheibe und Platte besser ist, womit auch das Konvergenzverhalten der ebenen Rechteckschale besser ist als das der ebenen Dreieckschale, da sich die Schale aus der Koppelung von Scheibe und Platte zusammensetzt. Für die Rechnungen im folgenden wird, zumal das auch von der Approximation der Geometrie des Maschinenbettes möglich ist, das Rechteckschalenelement verwendet.

1.1.2 Netzwerksfeinheit

Berechnungsaufwand und Ergebnisgenauigkeit einer FEM-Rechnung sind von der Güte der verwendeten Elemente und der Feinheit des Elementnetzwerkes abhängig. Bei der Durchführung von Variantenrechnungen ist immer ein Kompromiß zwischen Ergebnisgenauigkeit und Berechnungsaufwand einzugehen. Die dazu notwendigen Entscheidungshilfen werden von Konvergenztests geliefert, die eine Beurteilung der Genauigkeit und Vergleichbarkeit der Rechenergebnisse sowie des zu erwartenden Berechnungsaufwandes erlauben. Für das Beispiel des Maschinenbettes wurden Konvergenzuntersuchungen an zwei verschiedenen Ausführungen durchgeführt.

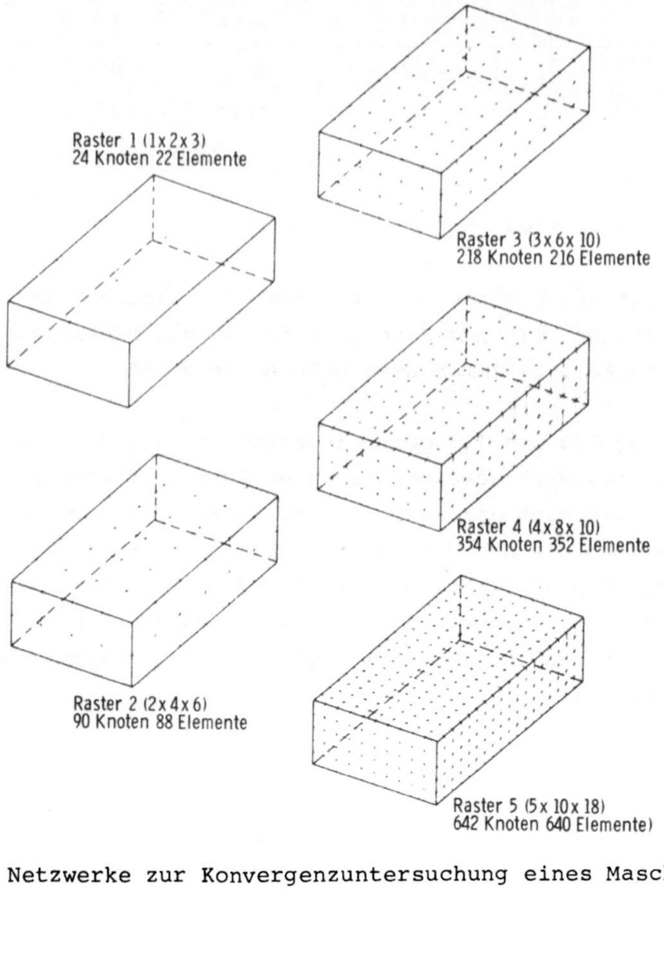

Bild 1.4: Netzwerke zur Konvergenzuntersuchung eines Maschinenbettes

Für beide Ausführungen, ähnlich den in Bild 1.4 gezeigten Beispielen, wurden unterschiedlich feine, durch die Anzahl der Rechenknoten gekennzeichnete, Rechnemodelle generiert, mit deren Hilfe die den einwirkenden äußeren Kräften zuzuordnende Arbeit berechnet wurde. Die Ergebnisse dieser Rechnungen sind in Bild 1.5 für den Lastfall "Biegung" wiedergegeben.

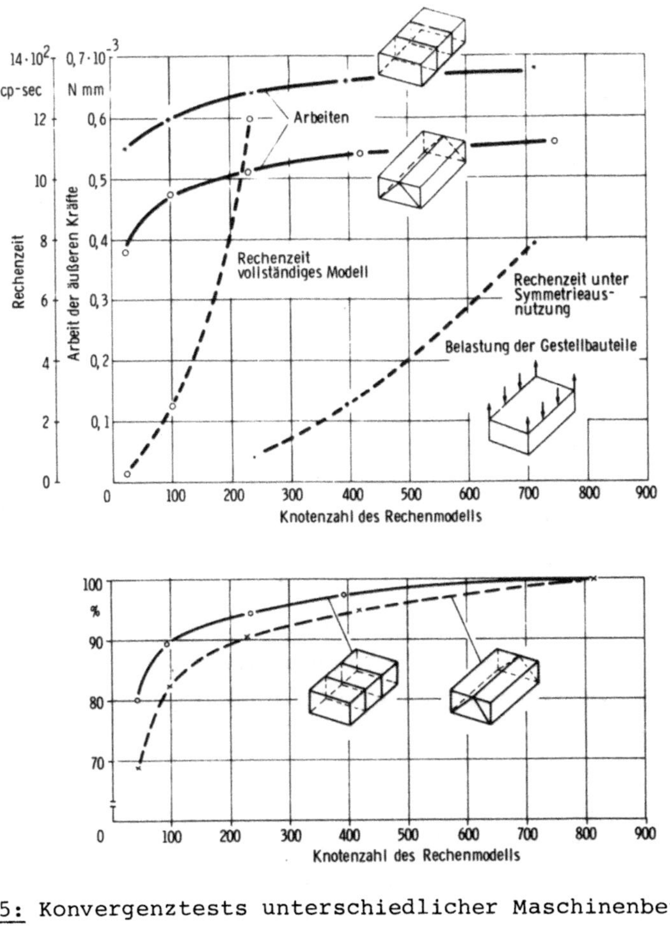

Bild 1.5: Konvergenztests unterschiedlicher Maschinenbettmodelle

Der Verlauf der Kurve für das quergeschottete Modell in Bild 1.5 unten zeigt, daß ein Netzwerk mit nur etwa 24 Knoten, das aufgrund der Bauteilgeometrie und der Lasteinleitung nicht weiter vergröbert werden kann, bereits zu einem Rechenergebnis führt, das den bei sehr feiner Approximation mit ca. 750 Knoten erzielbaren Endwert zu 70 % erreicht. Ein vierfach feineres Rechenmodell mit ca. 100 Knoten, halbiert die Abweichung des Ergebnisses vom Endwert, der zu 85 % erreicht wird. Weiter ist zu erkennen, daß die Güte der Konvergenz abhängig ist von der Art der Verrippung. Das quergeschottete Modell zeigt eine bessere Konvergenz als das V-förmig längsverrippte Modell.

Der beim Vergleich von Varianten durch unterschiedliche Konvergenzgeschwindigkeit entstehende Fehler kann in einer Variantenuntersuchung nicht eliminiert werden, weil hierzu die sehr kostenintensive Berechnung aller Varianten in einem feinen Netzwerksraster erforderlich ist. Durch den Vergleich möglichst unterschiedlicher Variantenformen in einer Konvergenzuntersuchung kann jedoch die Größenordnung dieses Fehlers abgeschätzt werden. Für die im Bild 1.5 dargestellten Maschinenbettmodelle beträgt dieser Fehler für Rechenmodelle mit etwa 200 Knoten 5 % bis 10 %. Diese Prozentzahl sollte man bei der Beurteilung des Verhaltens der verschiedenen Maschinenbetten im Auge behalten, wenn man sie bezüglich Verformungsverhalten untereinander beurteilt. Das hat zur Folge, daß man erst dann ein Modell gegenüber einem anderen als das bessere Modell bezeichnen kann, wenn seine betrachteten Eigenschaften um mindestens 10 % besser sind. Eine Einschränkung der Fehlergrenze kleiner als 10 % war aus Rechenzeitgründen nicht möglich, wie man aus der oberen Hälfte des Bildes 1.5 erkennen kann. Es ist dort die C_P- Rechenzeit in Sekunden über die Anzahl der Knoten aufgetragen. Es ist ein stark progressiver Bedarf an Rechenzeit bei steigender Knotenzahl zu bemerken, insbesondere dann, wenn nicht die doppelte Symetrie des Modelles ausgenützt werden kann. Aus diesem Grunde war eine Beschränkung der Anzahl der Knoten auf 300 notwendig. Die gleichzeitig dargestellten Arbeiten der äußeren Kräfte für beide Modelle zeigen ein analoges Konvergenzverhalten wie die normierten Kurven in der unteren Bildhälfte. Da sie nicht normiert sind, streben sie gegen verschiedene Grenzwerte.

1.1.3 Rechenmodellgenerierung

Die hier zu berechnenden Maschinenbetten weisen eine kastenförmige Form mit Innen- und Wandverrippungen auf, die zumindest in Teilbereichen eine Regelmäßigkeit erkennen lassen. Zur rechnergestützten Approximation dieser Strukturen werden hier Generatoren mit alphanumerischer Eingabe verwendet. Diese Vorgehensweise sei anhand von Bild 1.6 erläutert.

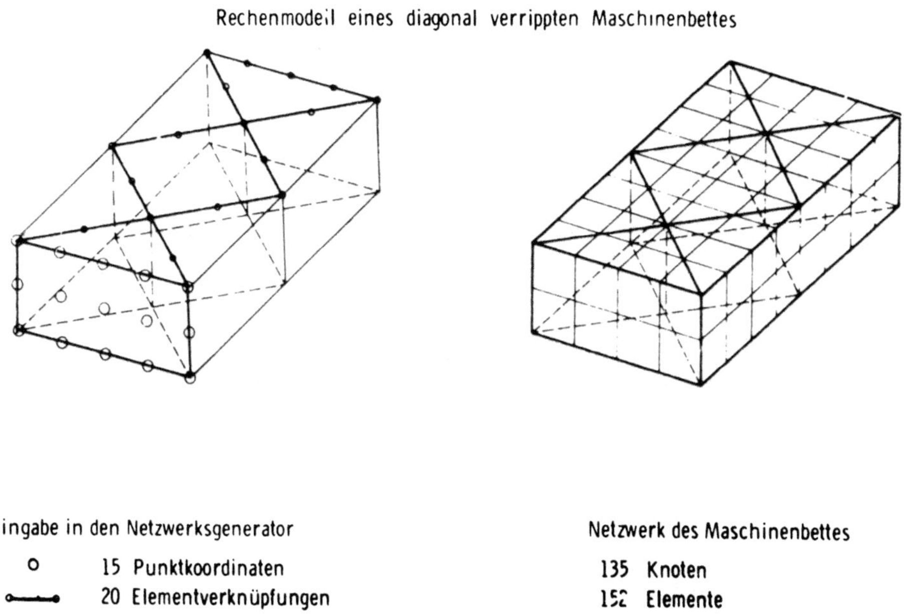

Bild 1.6: Netzwerksgenerierung für ein Maschinenbett

Bild 1.6 zeigt links im Bild die Eingabe und rechts das generierte Netzwerk eines kreuzförmig verrippten Maschinenbettes. Die Geometriebeschreibung erfolgt durch die Angabe der im Bild durch Kreissymbole dargestellten Knoten einer Grundebene und durch Angabe der geometrischen Lage einer Reihe weiterer Ebenen, in denen sich das Knotenbild der Grundebene wiederholt. Es können beliebig viele Grundebenen gewählt werden, so daß auch kompliziertere Geometrien beschrieben werden können.

Die Geometrie des Rechenmodells wird somit durch Knoten beschrieben, die regelmäßig angeordnet und numeriert sind.

Die Beschreibung der Topologie stellt die Zuordnung der Knoten zu den Elementen her. Sie wird von der Geometriebeschreibung getrennt erstellt, so daß eine flexible Rechenmodellbeschreibung möglich wird.

Die Generierung der die Knoten verbindenden Elemente geht ebenfalls von einer oder mehreren beliebig definierten Grundebenen des Bauteils aus, in denen die Elementkanten (bei ebenen Elementen) oder die Elementgrundfläche (bei räumlichen Elementtypen der Lagrange-Familie) durch die zugehörigen Knotennummern definiert werden. Im Bild ist die zur Elementgenerierung der Seitenwände sowie von Deck- und Bodenplatte verwendete Grundebene die Bauteilstirnfläche. Die senkrechte Verrippung wird ausgehend von der Oberseite des Maschinenbettmodells generiert. Die Elementkanten der zur Generierung verwendeten Elemente sind im Bild hervorgehoben.

Die insgesamt 135 Knoten und 132 Elemente des im Bild dargestellten Maschinenbettes konnten durch die Eingabe von 15 Knotenkoordinaten und 20 Elementverknüpfungen erzeugt werden.

Dieses Beispiel verdeutlicht, daß Netzwerksgeneratoren eine erheblich vereinfachte Rechenmodellerstellung ermöglichen. Gleichzeitig sind die von Generatoren erstellten Rechenmodellnetzwerke weniger fehlerbehaftet als manuell erstellte Netze. Einige der bei manuell aufbereiteten Rechenmodellen häufig auftretende Fehler werden ganz vermieden. So ist z.B. eine falsche Reihenfolge der Elementknotenzuordnung einzelner Elemente nicht möglich, da diese Zuordnung durch einen programminternen Algorithmus erfolgt. Die oben angeführten Punkte ermöglichen es erst, die für die verschiedenen Variantenrechnungen zu erstellenden Eingabedaten für das verwendete Finit -Element-Programm mit vertretbarem Zeitaufwand zu generieren.

1.1.4 Belastung und Lasteinteilung

Zur Analyse des Steifigkeitsverhaltens einer Werkzeugmaschine mit Hilfe der Finit-Element-Methode muß die gesamte Maschine mit in die Rechnung einbezogen werden. Will man nun nur ein Gestellbauteil der Gesamtmaschine, wie in diesem Fall das Maschinenbett, untersuchen, so gibt es zwei Möglichkeiten, dies zu tun.

Zum einen kann bei der Methode finiter Elemente die Substrukturtechnik angewendet werden. Physikalisch gesehen bedeutet das, daß das Steifigkeitsverhalten der restlichen Maschine auf die Grenzknoten des Maschinenbettes reduziert wird. Die Grenzknoten sind dabei die Knoten des finit Elementnetzes, die sowohl dem Maschinenbett als auch der restlichen Maschine gemeinsam sind. Diese Vorgehensweise scheidet aber hier aus, da durch die Substrukturtechnik eine bestimmte Maschinenkonfiguration, d.h. ein bestimmter Aufbau auf dem Maschinenbett berücksichtigt wird. Das aber soll ausgeschlossen werden, denn es soll das alleinige Steifigkeitsverhalten des Maschinenbettes unabhängig von einem bestimmten Maschinentyp untersucht werden.

Zum anderen kann mit Hilfe des Schnittprinzipes eine "rechnerische" Trennung zwischen Maschinenbett und restlicher Maschine vorgenommen werden. Dabei werden die Schnittkräfte dem Maschinenbett als äußere Kräfte aufgeprägt. Die Schnittkraftverteilung zwischen Maschinenbett und restlicher Maschine hängt aber wiederum von der Steifigkeit der einzelnen Gestellbauteile der Maschine und der Steifigkeit der Fügezone zwischen Maschinenbett und der restlichen Maschine ab. Es muß also vorab untersucht werden, in welcher Form die Krafteinleitung, d.h. die Schnittkraftverteilung, sich auf das Verformungsverhalten des Maschinenbettes auswirkt.

1.1.4.1 Einfluß der Form der Lasteinleitung auf das Verformungsverhalten des Maschinenbettes

Für verschiedene Einspannungs- und Belastungsverhältnisse und unterschiedlich genaue Fügezonenapproximationen wurden Berechnungsreihen mit ebenen Rechenmodellen durchgeführt, in denen das Lastübertragungs- und Verformungsverhalten der Fügezone bestimmt wurden. Im Bild 1.7 ist das für das System Schlitten Maschinenbett verwendete Rechenmodell dargestellt.

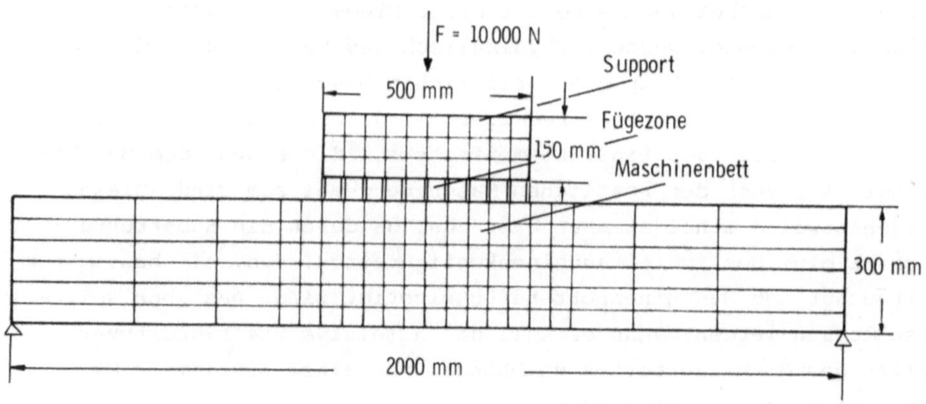

Bild 1.7: Rechenmodell zur Untersuchung des Einflusses der Form der Lasteinleitung auf das Verformungsverhalten des Maschinenbettes

Der durch eine Einzelkraft belastete Support ist durch Scheibenelemente approximiert. Die Fügestelle zwischen Support und Bett wird durch 10 Stabelemente beschrieben. Das Bett ist mit 6 Scheibenelementen über der Höhe im Rechenmodell angenähert, so daß eine genaue Beschreibung der Biegeverformung des Maschinenbettes möglich ist.

Im Bild 1.8 ist das mit diesen Approximationen untersuchte Modellspektrum dargestellt.

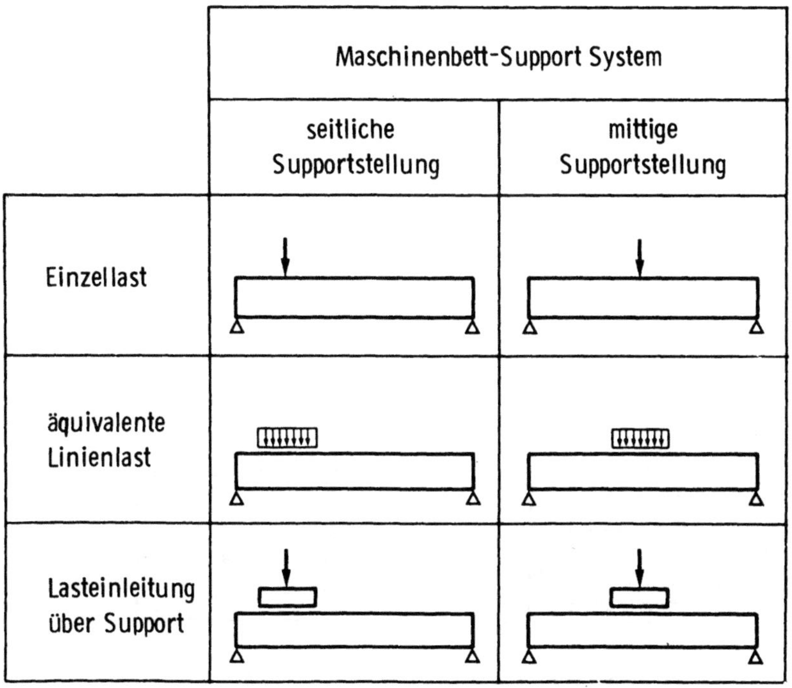

Bild 1.8: Rechenmodelle zur Untersuchung geeigneter Lasteinleitungsformen

Für eine mittige und außermittige Belastung wurde die Lasteinleitung über den Support mit dem vereinfachten Lasteinleitungsverfahren Linienlast und Einzellast verglichen. Dabei ist das beidseitig gelagerte Maschinenbett mit mittiger und seitlicher Stellung des Supportes analysiert worden, um den Einfluß unterschiedlicher Positionen des Supportes auf den Verformungsverlauf abschätzen zu können.

Die Ergebnisse dieser Vergleichsrechnungen sind im Bild 1.9 aufgetragen.

u_1 Verschiebungs-abweichung 1 u_2 Verschiebungs-abweichung 2		Supportstellung seitlich	Supportstellung mittig
Einzellast	u_1 u_2	2,69 % 10,18 %	2,8 % 8,4 %
Linienlast	u_1 u_2	-0,66 % -1,88 %	0,07 % 0,1 %
Lasteinleitung über Support	u_1 u_2	-0,02 % -0,08 %	0,41 % 0,543 %
Lasteinleitung bei nicht linearen Fügezonenverhalten	u_1 u_2	0 % 0 %	0 % 0 %

Bild 1.9: Einfluß unterschiedlicher Lasteinleitungsformen auf die Verformung des Maschinenbettes

Dabei sind die Verschiebungsabweichungen zweier Punkte von einem Referenzzustand dargestellt. Punkt 1 liegt am Supportrand und damit außerhalb der Lasteinleitungszone; Punkt 2 befindet sich in der Mitte der Lasteinleitungszone unterhalb der den Support belastenden Einzelkraft. Referenzzustand ist die in der untersten Zeile des

Bildes dargestellte Lasteinleitungsform. Bei ihr wird die Einzelkraft über den Support in das Maschinenbett eingeleitet, wobei das nicht lineare Verhalten der Fügezonensteife berücksichtigt wird. Das Verhalten der Fügezonensteife wurde hier unter Anwendung der von Levina /2/ durchgeführten Versuche über die Steifigkeit von Fügezonen berücksichtigt. Die in Prozenten angegebenen Verschiebungsabweichungen sind über folgende Gleichung definiert:

$$U_i \; [\%] = \frac{V_i - V_{iR}}{V_{iR}} \cdot 100 \qquad (1.1)$$

$$i - \begin{cases} i = 1, \text{ Punkt } 1 \\ i = 2, \text{ Punkt } 2 \end{cases}$$

U_i - Abweichung
V_i - Verschiebungen
V_{iR} - Verschiebungen des Referenzzustandes

Für die Belastung durch eine Einzellast zeigt Bild 1.9 bei einer seitlichen Stellung des Supportes für den Punkt 1 eine Abweichung der Verschiebung gegenüber dem Referenzzustand um etwa 2,7 %. Im Punkt 2 hingegen ist eine Abweichung von etwa 10 % festzuhalten.

Diese hohe Abweichung bei Punkt 2 ist auf örtliche Krafteinleitungseffekte des Rechenmodells zurückzuführen. An den darunter liegenden Knotenlagen beträgt die Abweichung nur noch 3 %. Die Abweichungen bei Belastung durch eine über der Supportlänge konstante Flächen-Pressung ist mit maximal 2 % gering.

Aus diesen geringen Abweichungen der Verformungen des Gestellbauteils bei unterschiedlichen Lasteinleitungsformen kann geschlossen werden, daß zum Zwecke der Verformungsberechnung vereinfachte Lastapproximationen möglich sind. Hiervon wird im folgenden Gebrauch gemacht, indem die Krafteinleitung in das Maschinenbett, die über zwei Fügezonen am Ende des Maschinenbettes geschieht, als Linienlast aufgebracht wird.

1.1.4.2 Lasteinleitung der Kräfte in das Maschinenbett

Die Berücksichtigung einer linearen Lastverteilung für die in das Gestellbauteil eingeleiteten Belastungen ermöglicht, wie im vorigen Kapitel dargelegt, eine ausreichend genaue Verformungsberechnung. Zudem lassen die aus Aufwands- und Kostengründen in einer Variantenuntersuchung erforderlichen groben Rechenmodelle die Berücksichtigung komplexer Lastverteilungen nur beschränkt zu.

Die bei der Dimensionierung eines Werkzeugmaschinenbettes zugrunde zu legende Belastung kann je nach Bauform, Bearbeitungsprozeß, Werkzeugeinsatz, Werkstück- und Arbeitsstellung sehr stark variieren.

Daher ist zur Durchführung einer Variantenuntersuchung eine Normierung der Lasten erforderlich. Die Verwendung von sechs Einheitslasten, die entsprechend den Freiheitsgraden des verwendeten karthesischen Koordinatensystems das Bauteil in getrennten Lastzuständen belasten, erlaubt die Anwendung des Superpositionsprinzipes, mit dessen Hilfe der Verschiebungszustand berechnet werden kann, der sich bei einem beliebig zusammengesetzten Lastvektor ergibt. Im Bild 1.10 sind die sechs Einheitslastfälle, die das gewählte Bauteil Maschinenbett belasten, dargestellt.

Die Verformungsberechnung des Maschinenbettes ist mit Einheitslasten, die wie Bild 1.10 zeigt, mittig in der oberen Fläche des Maschinenbettes liegen, durchgeführt worden. Es sind jeweils die Aktions- und Reaktionskräfte bzw. Momente erfaßt worden, so daß ein geschlossener Kraftfluß innerhalb des Maschinenbettes vorliegt. Das hat zur Folge, daß das Verhalten der Aufstellelemente und des Fundamentes nicht mit in die Rechnung einbezogen werden muß. Die im Bild 1.10 in den Spalten eins und drei dargestellten Einheitskräfte und Momente werden dem vorderen und hinteren Drittel des Bettes als statisch äquivalente Kräfte aufgeprägt. Als Beispiel sei hier der Lastfall F_y angeführt. Die Kraft F_y, die mittig in der oberen Fläche des Bettes liegt, wird parallel zu sich bis zur Mitte des hinteren bzw. vorderen Drittels des Bettes verschoben.

Dabei entsteht ein zusätzliches Moment M.

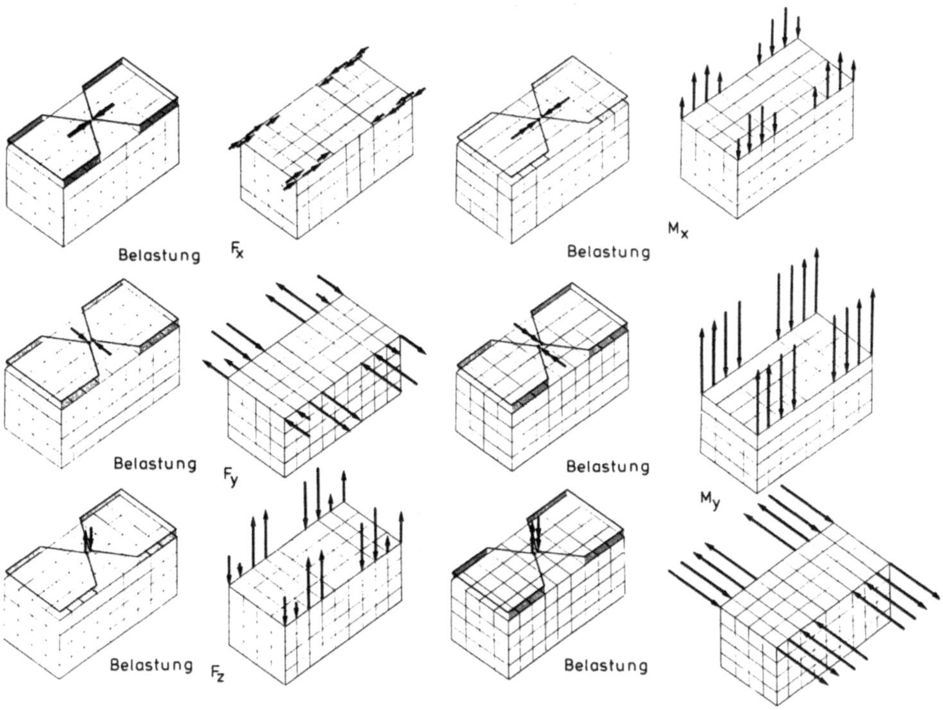

Bild 1.10: Belastung des Gestellbauteiles Maschinenbett durch Einheitslasten

Im Bild 1.11 ist die Belastung der oberen Lasteinleitungszonen durch die parallel verschobene Kraft F_y dargestellt. Die linke Bildhälfte zeigt neben der Parallelverschiebung die Einleitung der Kraft F_y in die Belastungszone als konstante, statisch äquivalente Streckenlast. In der rechten Bildhälfte ist dargestellt, wie die Streckenlast in einzelne diskrete statisch äquivalente Knotenkräfte F_i aufgeteilt worden ist. Dabei ergibt sich:

$$F_1 = F_4 = q_1 \cdot \frac{L}{18} = \frac{F_y}{12} \qquad (1.2)$$
$$F_2 = F_3 = q_1 \cdot \frac{L}{9} = \frac{F_y}{6}$$

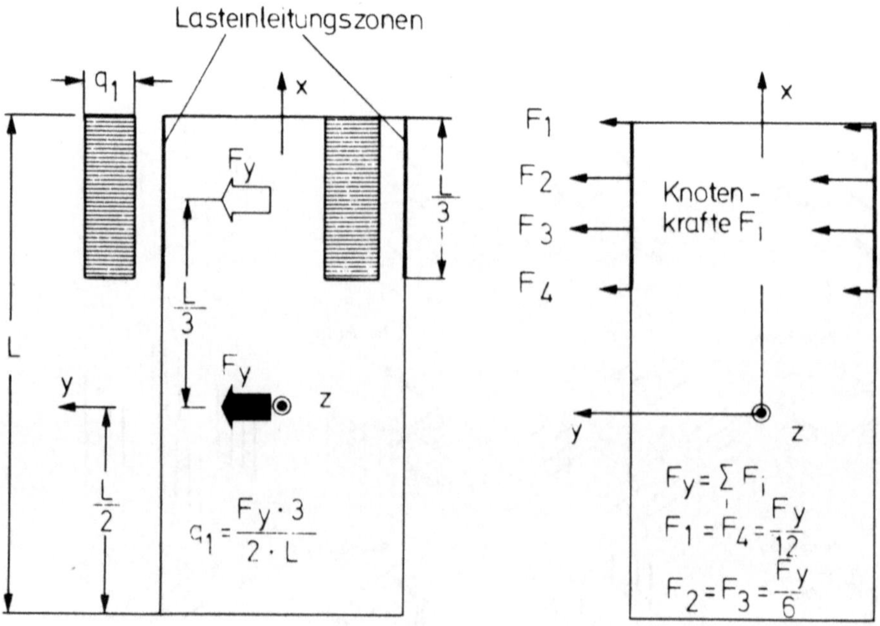

Bild 1.11: Belastung der Lasteinleitungszonen durch Streckenlasten infolge einer Einzelkraft

Im Bild 1.12 ist das aus der Parallelverschiebung der Kraft F_y entstandene Moment M dargestellt und zwar in der linken Bildhälfte als statisch äquivalente Streckenlast.

Für die Aufteilung der Streckenlast in die vier jeweils an den Knoten angreifenden Einzelkräfte stehen folgende zwei Grundgleichungen zur Verfügung:

$$F = \sum_i F_i = F_1 + F_2 = F_3 + F_4 = \int_0^{\frac{L}{3}} q(\xi)\, d\xi \qquad (1.3)$$

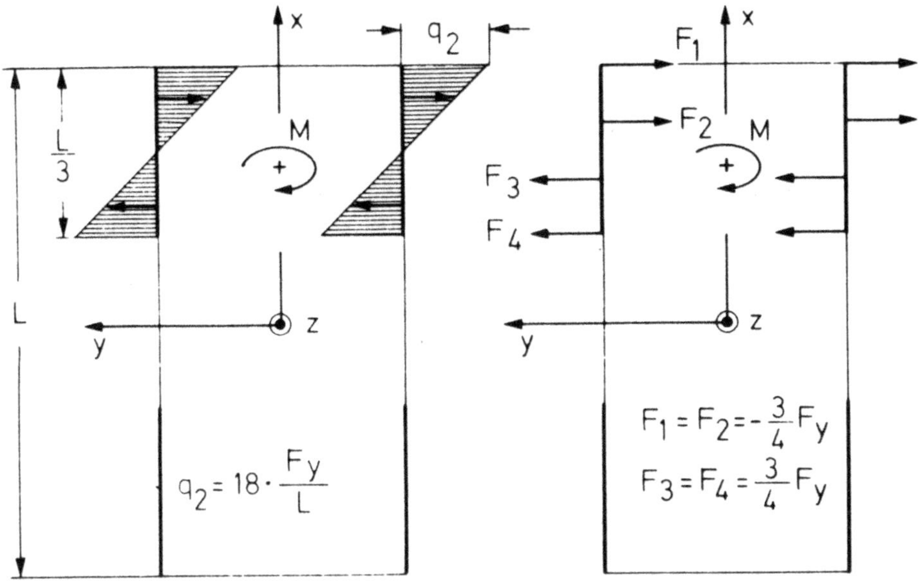

Bild 1.12: Belastung der Lasteinleitungszonen durch eine Streckenlast infolge eines Momentes

$$M/2 = \int_0^{L/6} \xi \; q \; (\xi) \; d\xi =$$

$$= F_1 \; \frac{L}{6} + F_2 \frac{L}{18} \; = F_4 \; \frac{L}{6} + F_3 \frac{L}{18} \qquad (1.4)$$

Weiterhin gilt nach Bild 1.13:

$$q \; (\xi) = q_2 \; \cdot \frac{\xi}{L} \; 6$$

Diese Gleichung in Gleichung 1.4 eingesetzt, ergibt für q_2:

$$q_2 = 18 \; \frac{F_y}{L} \qquad (1.5)$$

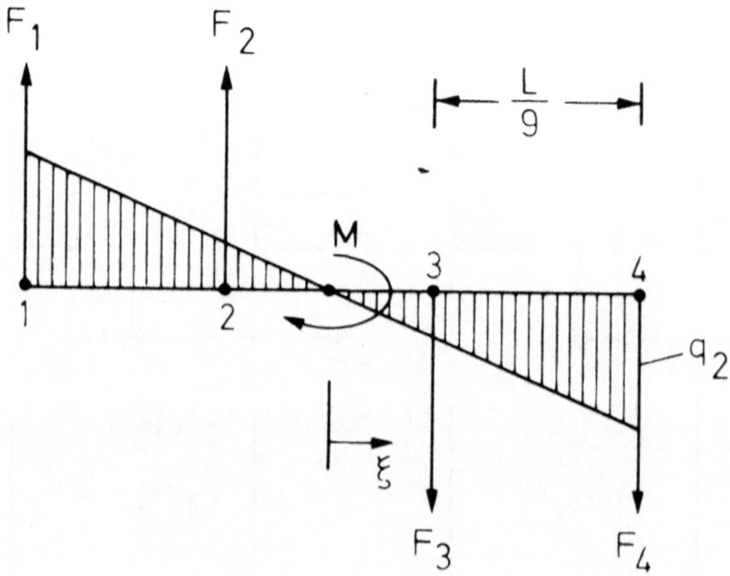

Bild 1.13: Aufteilung der Streckenlast in Einzelkräfte

Mit Hilfe von Gleichung 1.5 und 1.3 erhält man:

$$F_1 + F_2 = 6 \frac{q_M}{L} \int_0^{\frac{L}{6}} \xi \, d\xi = q_M \frac{L}{12} = \frac{9}{2} \frac{M}{L} \qquad (1.6)$$

Mit Gleichung 1.6 und 1.4 ergibt sich:

$$F_1 = F_2 = F_3 = F_4 = \frac{9}{4} \cdot \frac{M}{L} \qquad (1.7)$$

Beachtet man weiterhin, das

$$M = \frac{1}{3} L \cdot F_y$$

ist, so kann man schreiben:

$$F_3 = F_4 = \frac{3}{4} F_y = -F_1 = -F_2 \qquad (1.8)$$

Die Knotenkräfte von 1.8 werden mit denen aus Gleichung 1.2 additiv überlagert, so daß man daraus die Gesamtkräfte für die einzelnen Knoten erhält. Es ergibt sich:

$$F_1 = -\frac{2}{3} F_y \quad ; \quad F_3 = \frac{11}{12} F_y$$
$$F_2 = -\frac{7}{12} F_y \quad ; \quad F_4 = \frac{5}{6} F_y \qquad (1.9)$$

1.1.4.3 Berücksichtigung der beliebigen Lage des Lastvektors

Die für die Rechnung angenommene Lage des Belastungsvektors in der Mitte der oberen Ebene des Bettes, die im folgenden als Punkt O bezeichnet wird, ist für den praktischen Fall nicht relevant. Es treten Bearbeitungskräfte auf, die oberhalb des Maschinenbettes liegen. Dieser Punkt wird im folgenden mit I bezeichnet.

Als Belastungsvektor wird hier ein Vektor definiert, dessen ersten drei Komponenten die Kräfte ${}^IF_x$, ${}^IF_y$, ${}^IF_z$ sind und dessen Komponenten vier bis sechs die Momente ${}^IM_x$, ${}^IM_y$, ${}^IM_z$ sind. Dieser Belastungsvektor greift im Punkt I an, wie es im Bild 1.14 dargestellt ist.

Der Belastungsvektor ${}^I\{B\}$ lautet:

$${}^I\{B\}^T = \{{}^IF_x, {}^IF_y, {}^IF_z, {}^IM_x, {}^IM_y, {}^IM_z\} \qquad (1.10)$$

In der FEM-Rechnung wurden Einheitskräfte-und Momente verwendet, die im Punkte O angreifen und mit ${}^M\{B\}$ bezeichnet werden. Der Belastungsvektor ${}^I\{B\}$ muß von Punkt I auf den Punkt O umgerechnet werden und wird mit ${}^O\{B\}$ bezeichnet. Es gelten dabei folgende Beziehungen:

$${}^O\{F\} = {}^I\{F\} \qquad (1.11)$$

$${}^O\{M\} = {}^I\{M\} + {}^I\{r\} \times {}^I\{F\} \qquad (1.12)$$

Für ${}^I\{r\}$ gilt mit dem gewählten Koordinatensystem:

$${}^I\{r\} = {}^I\{x,y,z\}^T \qquad (1.13.)$$

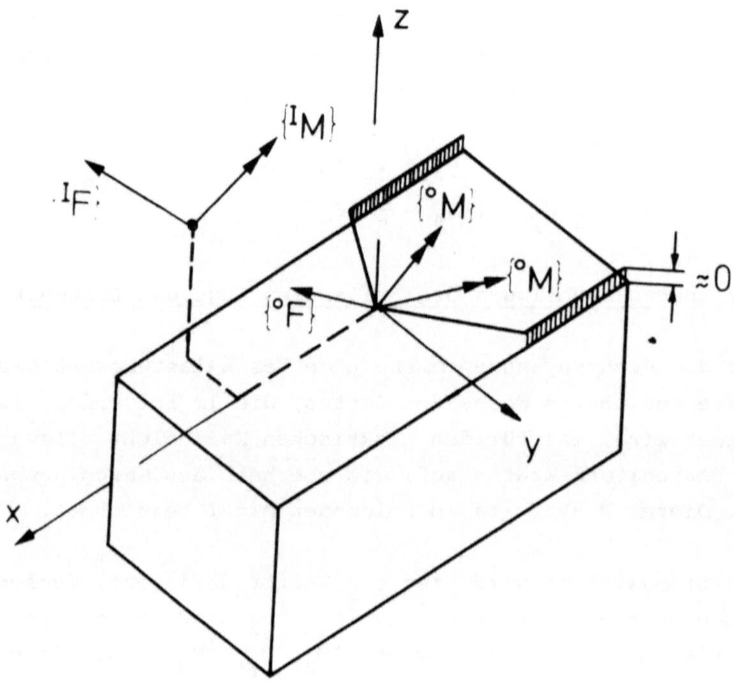

Bild 1.14: Reduktion des Belastungsvektors

Führt man das Kreuzprodukt aus Gleichung 1.12 explizit aus, so ergibt sich in Matritzenschreibweise:

$$
{}^{o}\{B\} = \begin{Bmatrix} F_x \\ F_y \\ F_z \\ M_x \\ M_y \\ M_z \end{Bmatrix} = \left[\begin{array}{ccc|ccc} 1 & 0 & 0 & & & \\ 0 & 1 & 0 & & \underset{\sim}{0} & \\ 0 & 0 & 1 & & & \\ \hline 0 & -z & y & 1 & 0 & 0 \\ z & 0 & -x & 0 & 1 & 0 \\ -y & x & 0 & 0 & 0 & 1 \end{array}\right] {}^{I} \begin{Bmatrix} F_x \\ F_y \\ F_z \\ M_x \\ M_y \\ M_z \end{Bmatrix} \qquad (1.14)
$$

Dieser Belastungsvektor ${}^{O}\{B\}$ unterscheidet sich vom Belastungsvektor ${}^{M}\{B\}$, der den Modellen in der Rechnung aufgeprägt wurde. Die Komponenten der Vektoren ${}^{M}\{B\}$ sind bis auf eine, die die Größe "Eins" besitzt, Null. Da der Vektor ${}^{M}\{B\}$ sechs Komponenten hat, sind somit sechs verschiedene Belastungsfälle, die den sechs Freiheitsgraden des Modells entsprechen, möglich. Der Belastungsvektor stellt sich, da es sich hier um ein linear elastisches System handelt, als Linearkombination verschiedener Vektoren ${}^{M}\{B\}$ dar.

1.1.4.4 Beziehung zwischen den Arbeiten am Punkt I und Punkt O

Die Arbeiten am Punkt O müssen mit denen am Punkt I identisch sein, da der Belastungsvektor ${}^{O}\{B\}$ dem am Ort I ${}^{I}\{B\}$ nach Gleichung 1.14 statisch äquivalent ist.

Damit kann man schreiben :

$$ {}^{I}\{W\} = {}^{O}\{W\} \qquad (1.16) $$

Ausführlich geschrieben ergibt sich:

$$ \begin{aligned} &{}^{I}\{F\}^{T}\,{}^{I}\{U\} + {}^{I}\{M\}^{T}\,{}^{I}\{\Phi\} = \\ &{}^{I}\{F\}^{T}\,{}^{O}\{U\} + \left({}^{I}\{r\} \times {}^{I}\{F\} + {}^{I}\{M\}\right)^{T}\,{}^{O}\{\Phi\} = \qquad (1.17) \\ &{}^{I}\{F\}^{T}\left({}^{O}\{U\} + [\Phi]^{I}\{r\}\right) + {}^{I}\{M\}^{T}\,{}^{O}\{\Phi\} \end{aligned} $$

mit

$$ [\Phi] = \begin{bmatrix} 0 & -\Phi_z & \Phi_y \\ \Phi_z & 0 & -\Phi_x \\ -\Phi_y & \Phi_x & 0 \end{bmatrix} $$

Es läßt sich jeder Belastungsvektor ${}^{I}\{B\}$ als folgende Linearkombinationen darstellen.

$$ {}^{I}\{F\} = \sum_{i=1}^{3} F_i \; e_i $$

ebenso $\qquad i = x,y,z$

$$ {}^{I}\{M\} = \sum_{i=1}^{3} M_i \; e_i \qquad (1.18) $$

Dabei sind e_i-Einheitsvektoren im orthogonalen karthesischem System.

Superponiert man nun die Belastung nach Gleichung 1.18, so kann man für jedes einzelne $F_i e_i$- bzw. $M_i e_i$ die Gleichheit der Arbeiten in den Punkten I und O fordern. Daraus ergeben sich aus Gleichung 1.7 sechs unabhängige Gleichungen, die man formal als Vektor schreiben kann.

$$ {}^{I}\begin{Bmatrix} F_x u_x \\ F_y u_y \\ F_z u_z \\ M_x \varphi_x \\ M_y \varphi_y \\ M_z \varphi_z \end{Bmatrix} = {}^{0}\begin{Bmatrix} F_x (u_x + z\varphi_y - y\varphi_z) \\ F_y (u_y + x\varphi_z - z\varphi_x) \\ F_z (u_z + y\varphi_x - x\varphi_y) \\ M_x \varphi_x \\ M_y \varphi_y \\ M_z \varphi_z \end{Bmatrix} \qquad (1.19) $$

Die Superskripte an den Klammern beziehen sich auf alle Komponenten in den Klammern.

Führt man folgende Abkürzungen ein,

$$
\begin{aligned}
M_{xy} &= {}^{I}F_x \; z \\
M_{xz} &= - {}^{I}F_x \; y \\
M_{yx} &= - {}^{I}F_y \; z \\
M_{yz} &= {}^{I}F_y \; x \\
M_{zx} &= {}^{I}F_z \; y \\
M_{zy} &= - {}^{I}F_z \; x
\end{aligned}
\qquad (1.20)
$$

so kann man schreiben:

$$
{}^{I}\begin{Bmatrix} W_x \\ W_y \\ W_z \\ W_{xx} \\ W_{yy} \\ W_{zz} \end{Bmatrix} = \frac{1}{2} \; {}^{I}\begin{Bmatrix} u_x \; F_x \\ u_y \; F_y \\ u_z \; F_z \\ \varphi_x \; M_x \\ \varphi_y \; M_y \\ \varphi_z \; M_z \end{Bmatrix} = \frac{1}{2} \; {}^{0}\begin{Bmatrix} F_x \, u_x + M_{xy} \; \varphi_{xy} + M_{xz} \; \varphi_{xz} \\ F_y \, u_y + M_{yx} \; \varphi_{yx} + M_{yz} \; \varphi_{yz} \\ F_z \, u_z + M_{zx} \; \varphi_{zx} - M_{zy} \; \varphi_{zy} \\ M_x \cdot \varphi_x \\ M_y \cdot \varphi_y \\ M_z \cdot \varphi_z \end{Bmatrix}
\qquad (1.21)
$$

Für die Momente M_{iJ} und die Winkel φ_{iJ} gilt: Der erste Index bezieht sich auf die Richtung der Kraft, die das Moment bzw. die Verdrehung bewirkt. Der zweite Index bezeichnet die Drehachse des Momentes bzw. der Verdrehung.

Die Kräfte ${}^{O}F$ und Momente ${}^{O}M$ aus Gleichung 1.21 müssen noch mit denen aus der Rechnung, die als ${}^{M}F$ und ${}^{M}M$ gekennzeichnet sind, in Beziehung gebracht werden. Dies geschieht in der folgenden Gleichung durch zunächst noch unbekannte λ-Werte:

$$\left.\begin{aligned} {}^{I}F_i &= {}^{O}F_i = \lambda_i \; {}^{M}F_i \\ {}^{I}M_i &= {}^{O}M_i = \lambda_{ii} \; {}^{M}M_i \end{aligned}\right\} \quad i = x,y,z \qquad \begin{aligned}(1.22\ a)\\(1.22\ b)\end{aligned}$$

$$ {}^{O}M_{ij} = \lambda_{ij} \; {}^{M}M_j \qquad i,j = x,y,z \quad i \neq j \qquad (1.22\ c)$$

In Gleichung 1.22 b handelt es sich um die Momente, die im Punkt I eingeleitet werden. In Gleichung 1.22 c treten die Momente auf, die aus dem Kreuzprodukt aus Gleichung 1.17 entstehen.

Da es sich hier um ein linear elastisches System handelt, stehen auch die Verformungen in einem proportionalen Zusammenhang:

$$\left.\begin{aligned} {}^{O}U_i &= \lambda_i \; {}^{M}U_i \\ {}^{O}\varphi_i &= \lambda_{ii} \; {}^{M}\varphi_i \end{aligned}\right\} \quad i = x,y,z \qquad \begin{aligned}(1.23\ a)\\(1.23\ b)\end{aligned}$$

$$ {}^{O}\varphi_{ij} = \lambda_{ij} \; {}^{M}\varphi_j \quad ; \quad i = x,y,z \quad i \neq j \qquad (1.23\ c)$$

Führt man die Gleichungen 1.22 und 1.23 in Gleichung 1.21 ein, so ergibt sich:

$$ {}^{I}\begin{Bmatrix} W_x \\ W_y \\ W_z \\ W_{xx} \\ W_{yy} \\ W_{zz} \end{Bmatrix} = \frac{1}{2} \; {}^{M}\begin{Bmatrix} \lambda_x^2 \, F_x u_x + \lambda_{xy}^2 \, M_y \varphi_y + \lambda_{xz}^2 \, M_z \varphi_z \\ \lambda_y^2 \, F_y u_y + \lambda_{yx}^2 \, M_x \varphi_x + \lambda_{yz}^2 \, M_z \varphi_z \\ \lambda_z^2 \, F_z u_z + \lambda_{zx}^2 \, M_x \varphi_x + \lambda_{zy}^2 \, M_y \varphi_y \\ \lambda_{xx}^2 \, M_x \varphi_x \\ \lambda_{yy}^2 \, M_y \varphi_y \\ \lambda_{zz}^2 \, M_z \varphi_z \end{Bmatrix} \qquad (1.24)$$

Die Produkte ${}^{M}F_i$, ${}^{M}u_i$ und ${}^{M}M_i$, ${}^{M}\varphi_i$ mit i = x, y, z stellen die Arbeiten ${}^{M}W_i$ und ${}^{M}W_{ii}$ aus der Rechnung dar. Führt man diese Arbeiten in Gleichung 1.24 ein, so kann man in Matrizenschreibweise schreiben:

$$
{}^{I}\left\{\begin{matrix} W_x \\ W_y \\ W_z \\ W_{xx} \\ W_{yy} \\ W_{zz} \end{matrix}\right\} = \left[\begin{array}{ccc|ccc} \lambda_x^2 & 0 & 0 & 0 & -\lambda_{xy}^2 & -\lambda_{xz}^2 \\ 0 & \lambda_y^2 & 0 & -\lambda_{yx}^2 & 0 & +\lambda_{yz}^2 \\ 0 & 0 & \lambda_z^2 & \lambda_{zx}^2 & \lambda_{zy}^2 & 0 \\ \hline & & & \lambda_{xx}^2 & 0 & 0 \\ & \underset{\sim}{0} & & 0 & \lambda_{yy}^2 & 0 \\ & & & 0 & 0 & \lambda_{zz}^2 \end{array}\right] {}^{M}\left\{\begin{matrix} W_x \\ W_y \\ W_z \\ W_{xx} \\ W_{yy} \\ W_{zz} \end{matrix}\right\} \qquad (1.25)
$$

Oder in kompakter Schreibform:

$$
{}^{I}\{W\} = [\Lambda]\ {}^{M}\{W\} \qquad (1.26)
$$

In Gleichung 1.26 ist der Vektor ${}^{M}\{W\}$ aus der Rechnung bekannt. Die ersten drei Komponenten sind Einheitsarbeiten infolge Einheitskräfte; die letzten drei infolge Einheitsmomente.

Um die Arbeiten am Punkt I ${}^{I}\{W\}$ über die Arbeiten ${}^{M}\{W\}$ aus der Rechnung bestimmen zu können, muß noch die Matrix $[\Lambda]$ bestimmt werden. Das kann mit Hilfe der Gleichungen 1.22 und 1.23 geschehen. Setzt man diese in Gleichung 1.24 ein und berücksichtigt weiter, daß die Einheitsarbeiten ${}^{M}F$ = 1 kp = 10 N und die Einheitsmomente 1 kpm = 10^4 N mm sind, so ergibt sich:

$$
{}^{I}\left\{\begin{matrix} W_x \\ W_y \\ W_z \\ W_{xx} \\ W_{yy} \\ W_{zz} \end{matrix}\right\} = {}^{I}\left[\begin{array}{ccc|ccc}
\left(\frac{F_x}{10}\right)^2 & 0 & 0 & 0 & \left(\frac{F_x \cdot z}{10^4}\right)^2 & \left(\frac{F_x \cdot y}{10^4}\right)^2 \\
0 & \left(\frac{F_y}{10}\right)^2 & 0 & \left(\frac{F_y \cdot z}{10^4}\right)^2 & 0 & \left(\frac{F_y \cdot x}{10^4}\right)^2 \\
0 & 0 & \left(\frac{F_z}{10}\right)^2 & \left(\frac{F_z \cdot y}{10^4}\right)^2 & \left(\frac{F_z \cdot x}{10^4}\right)^2 & 0 \\
\hline
 & & & \left(\frac{M_x}{10^4}\right)^2 & 0 & 0 \\
 & \underset{\sim}{0} & & 0 & \left(\frac{M_y}{10^4}\right)^2 & 0 \\
 & & & 0 & 0 & \left(\frac{M_z}{10^4}\right)^2
\end{array}\right]^{M} \left\{\begin{matrix} W_x \\ W_y \\ W_z \\ W_{xx} \\ W_{yy} \\ W_{zz} \end{matrix}\right\}
$$

(1.26)

Die Elemente der Matrix in Gleichung 1.27 sind dimensionslos, wobei die Kräfte die Dimension N und die Momente die Dimension Nmm haben. Gleichung 1.27 stellt die Beziehung zwischen Arbeiten aus der Rechnung ${}^{M}\{W\}$ und den Arbeiten am Punkt I dar. Der Vektor auf der rechten Seite ist bekannt und seine Werte sind in einem Katalog zusammengefaßt. Die Elemente der Matrix auf der rechten Seite sind ebenfalls bekannt und zwar sind es die Kräfte ${}^{I}F$ und Momente ${}^{I}M$, die im Punkt I eingeleitet werden. Weiterhin treten die Koordinaten des Punktes I in der Matrix auf. Somit kann der Vektor auf der linken Seite, das sind die Arbeiten im Punkt I, eindeutig bestimmt werden.

1.1.4.5 Auflösung der Beziehung zwischen den Arbeiten nach den Verschiebungen am Punkt I

Die Komponenten des Arbeitsvektors ${}^{I}\{W\}$ lassen sich, wie in Gleichung 1.19 getan, in das Produkt aus Kräften und Verschiebungen sowie Momenten und Verdrehungen aufspalten. Setzt man also Gleichung 1.15 in Gleichung 1.28 ein und löst die entstehenden Gleichungen nach den Verformungen auf, so erhält man:

$$
{}^{I}\left\{\begin{array}{c} u_x \\ u_y \\ u_z \\ \varphi_x \\ \varphi_y \\ \varphi_z \end{array}\right\} = 2 \; {}^{I}\left[\begin{array}{ccc|ccc}
\frac{F_x}{10^2} & 0 & 0 & 0 & \frac{F_x z^2}{10^8} & \frac{F_x y^2}{10^8} \\
0 & \frac{F_y}{10^2} & 0 & \frac{F_y z^2}{10^8} & 0 & \frac{F_y x^2}{10^8} \\
0 & 0 & \frac{F_z}{10^2} & \frac{F_z y^2}{10^8} & \frac{F_z x^2}{10^8} & 0 \\
\hline
 & & & \frac{M_x}{10^8} & 0 & 0 \\
 & \underset{\sim}{0} & & 0 & \frac{M_y}{10^8} & 0 \\
 & & & 0 & 0 & \frac{M_z}{10^8}
\end{array}\right] \; {}^{M}\left\{\begin{array}{c} W_x \\ W_y \\ W_z \\ W_{xx} \\ W_{yy} \\ W_{zz} \end{array}\right\} \qquad (1.28)
$$

Die Elemente der Matrix sind dimensionslos, wenn die Kräfte in N und die Momente in Nmm eingesetzt werden.

Die Gleichung 1.28 berücksichtigt nicht die Kopplung der Verformungen untereinander, denn nach dieser Gleichung ruft z. B. die Kraft F_x keine Verschiebung in y-Richtung hervor. Diese Kopplung wird im folgenden durch eine kinematische Bedingung erzielt.

Betrachtet man die Kräfte ${}^{I}\{F\}$ und Momente ${}^{I}\{M\}$ aus Gleichung 1.28 als nacheinander aufgebracht, so kann man in Form einer Matrix schreiben:

$$\begin{array}{ccc} \varphi_x & \varphi_y & \varphi_z \\ \end{array}$$
$$\left[\begin{array}{ccc} M_x & z\,F_x & -y\,F_x \\ -z\,F_y & M_y & (\pm\frac{L}{3}+x)\,F_y \\ y\,F_z & -(\pm\frac{L}{3}+x)\,F_z & M_z \end{array}\right] \begin{array}{c} F_x \\ F_y \\ F_z \end{array} \tag{1.29}$$

In der voranstehenden Matrix stellen die Zeilen außer den Hauptdiagonalwerten die Momente infolge der einzelnen Kräfte dar. Auf der Hauptdiagonalen stehen "reine" Momente. Die Spalten sind die Verdrehungen infolge dieser Belastung. Defininiert man nun einen Vektor $\{\Phi\}$ für die Gesamtverdrehungen, so entsteht er, indem die Summe der Elemente der jeweiligen Spalten mit den Arbeiten ${}^{M}W$ multipliziert werden.

$$\{\phi_{1,2}\} = \frac{2\cdot 10^{-8}}{(N\,mm)^2}\;{}^{I}\left\{\begin{array}{ll} (M_x + y\,F_z - z\,F_y) & {}^{M}W_{xx} \\ (M_y + z\,F_x - (\pm\frac{L}{3}+x)\,F_z) & {}^{M}W_{yy} \\ (M_z + (\pm\frac{L}{3}+x)\,F_y - y\,F_x) & {}^{M}W_{zz} \end{array}\right\} \tag{1.30}$$

Setzt man kleine Verformungen, die in den hier betrachteten Fällen immer nur auftreten, voraus, so gilt:

$$\left\{U_{1,2}\right\} = \left\{\Phi_{1,2}\right\} \times \left\{r_{1,2}\right\} \qquad (1.31)$$

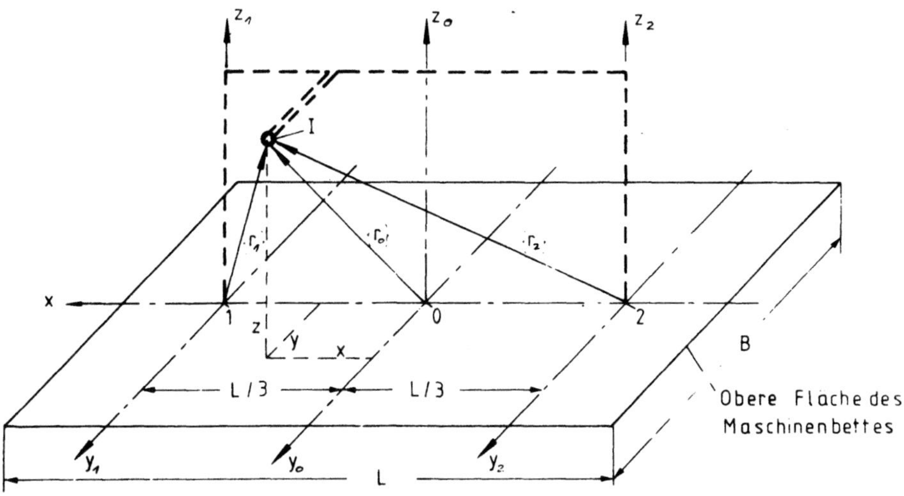

Bild 1.15: Darstellung der Ortsvektoren $\{r_1\}$, $\{r_o\}$, $\{r_2\}$ des Punktes I

Im Bild 1.15 sind die Vektoren $\{r_1\}$ und $\{r_2\}$ dargestellt, die in Gleichung 1.31 entweder $\{U_1\}$ oder $\{U_2\}$ erzeugen.

$$\{r_1\}^T = \left(-\frac{L}{3} + x, y, z\right) \tag{1.32 a}$$

$$\{r_2\}^T = \left(\frac{L}{3} + x, y, z\right) \tag{1.32 b}$$

$$\{r_{1,2}\} = \{\Phi\} \times \left\{\pm\frac{L}{3} + x, y, z\right\} \tag{1.32 c}$$

Führt man das Kreuzprodukt 1.31 aus und führt die Werte von Gleichung 1.30 ein, so ergibt sich für die Relativverschiebung $\{U\} = \{U_1\} - \{U_2\}$ unter Vernachlässigung der Schubverformung:

$$^{I}\begin{Bmatrix} u_x \\ u_y \\ u_z \end{Bmatrix} = \frac{2 \cdot 10^{-8}}{(N\,mm)^2} \begin{bmatrix} \\ \mathbf{T} \\ \\ \end{bmatrix} {}^{M}\begin{Bmatrix} W_{xx} \\ W_{yy} \\ W_{zz} \end{Bmatrix}$$

$$\begin{bmatrix} \mathbf{T} \end{bmatrix} = {}^{I}\left[\begin{array}{c|c|c} 0 & z(M_y + zF_x - xF_z) & -y(M_z + xF_y - yF_x) \\ \hline -z(M_x + yF_z - zF_y) & 0 & \left(\frac{L}{3}\right)^2 F_y + x(M_z + xF_y - yF_x) \\ \hline y(M_x + yF_z - zF_y) & \left(\frac{L}{3}\right)^2 F_z - x(M_y + zF_x - xF_z) & 0 \end{array}\right]$$

(1.33)

1.1.4.6 Auswahl einer optimalen Verrippung aus dem Katalog

Definiert man eine Zielfunktion:

$$Z = \text{Min}\ (V)_j \qquad (1.34)$$

mit V als Volumen der j-ten Verrippungsvariante, wobei j stellvertretend für eine der vierzehn Verrippungsvarianten aus dem Katalog steht.

Definiert man weiterhin folgende Restriktionen:

$$^{I}\{U\} = {}^{I}\{\overline{U}\} \qquad (1.35)$$

so ist die optimale Verrippung j die, die die beiden Bedingungen 1.34 und 1.35 erfüllt.

Der Vektor ^{I}U hat folgende Form:

$$^{I}\overline{U} = \begin{Bmatrix} \overline{U}_x \\ \overline{U}_y \\ \overline{U}_z \end{Bmatrix} \qquad (1.36)$$

U_i - i = x, y, z. Maximal zulässige Relativverformungen im Punkt I.

Führt man Gleichung 1.33 in Gleichung 1.35 ein, so erhält man:

$$^{M}\{W\} = [A]^{-1}\ {}^{I}\{\overline{U}\} \qquad (1.37)$$

Diese Gleichung stellt die Verbindung zwischen den Restriktionen und den einzelnen Verrippungsvarianten dar. Im allgemeinen Fall doch ist die Matrix [A] singulär, so daß kein Gebrauch von 1.37 gemacht werden kann.Statt dessen wird ein neuer Vektor $_j\{C\}$ definiert:

$$_j\{C\} = [A]\{W\}_j - {}^I\{\bar{U}\}_j \leq \{O\} \qquad (1.38)$$

Es ist dabei $\{O\}$ der Nullvektor.

Durch die Beziehung

$$C_m = \max_i \ (C_i) \qquad (1.39)$$

wird von jedem Vektor $_j\{C\}$ die Komponente m gefunden, die die Bedingung 1.34 am schlechtesten, beziehungsweise garnicht erfüllt. Durch Änderung der Wandstärke des Maschinenbettes ist es möglich, die Restriktion 1.34 für die Komponente C_m als Gleichungsrestriktion zu erfüllen, da durch die Wandstärkenänderung der Verschiebungsvektor $_j\{U\}$ geändert wird.

Ausgangspunkt hierfür ist eine Beziehung zwischen der Wandstärke und der Steifigkeit des Gestellbauteiles.

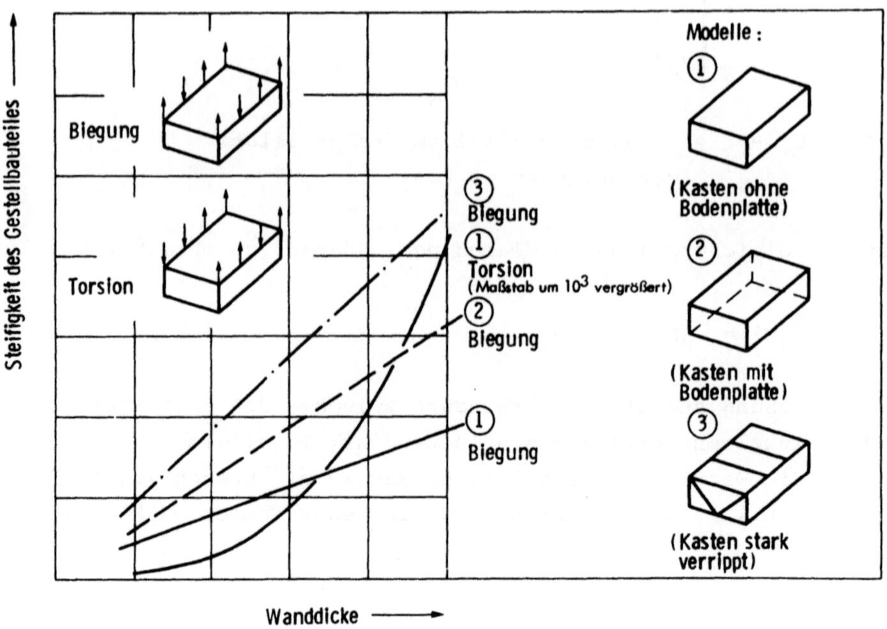

Bild 1.16: Steifigkeit dreier Gestellbauteile in Abhängigkeit von ihrer Wandstärke

Für drei unterschiedliche Maschinenbettausführungen wurde der Einfluß der Wandstärke auf die Bauteilsteifigkeit untersucht. Die Ergebnisse dazu sind im Bild 1.16 festgehalten. Im Lastfall Biegung verhalten sich Steifigkeit und Wandstärke für alle untersuchten Varianten proportional. Die Wände des Bauteils sind überwiegend scheibenförmig belastet. Im Lastfall Torsion weist nur das offene Modell 1, das keine Bodenplatte besitzt, ein nicht lineares Verhältnis zwischen Steifigkeit und Wandstärke auf. Der progressive, kubische Verlauf der Kurve zeigt, daß die Bauteilwände plattenförmig belastet sind. Die Steifigkeit der offenen Ausführung des Bettes ist dabei 400mal kleiner als die der geschlossenen Modelle. Von dieser Ausführung abgesehen, die bei Torsionsbeanspruchung möglichst zu vermeiden ist, kann daher eine lineare Abhängigkeit der Steifigkeit von der Wandstärke angenommen werden.

$$\frac{F}{U} = k \sim d$$

mit $\frac{d}{L} << 1$

d - Wandstärke (1.40)

L - Länge des Maschinenbettes

k - Steifigkeit

Setzt man voraus, daß F konstant ist, so ergibt sich eine Beziehung zwischen Verschiebung und Wandstärke:

$$\frac{U_1}{U_2} = \frac{d_2}{d_1} \qquad (1.41)$$

d_1, U_1 -Ausgangsdicke, -verschiebung

d_2 - neue Dicke

U_2 - gewünschte Verschiebung

Wendet man Gleichung 1.41 auf die Relativverschiebung $\frac{I}{j}\{U\}$ mit der Bedingung an, daß

$$C_m = 0 \qquad (1.42)$$

ist, so ist die Ungleichungsrestriktion (1.35) automatisch erfüllt.

1.1.5 Interpolation zur Erfassung verschiedener äußerer Abmaße des Maschinenbettes

Die geometrischen Abmaße des Maschinenbettes sind Länge, Höhe, Breite und Wandstärke. Während die Wandstärke für alle Modelle konstant ist, sind verschiedene Verhältnisse von Höhe zu Breite zu Länge berücksichtigt. Es ist dabei sinnvoll, bezogene Größen, also die Verhältnisse Höhe zu Länge $\bar{z}$ und Breite zu Länge $\bar{y}$, einzuführen. Durch Beschränkung auf die wichtigen Geometrieformen und durch Abstufung der äußeren Abmessungen in Form einer geometrischen Reihe ist es erst möglich, die notwendigen Finit-Element-Rechnungen auf ein vertretbares Maß zu begrenzen. Die im Bild 1.16 durch Punkte gekennzeichneten Werte stellen die geometrischen Kombinationen des Maschinenbettes dar, die durchgerechnet wurden. Alle anderen Kombinationen, die im stark umrandeten Gebiet liegen, können durch Interpolation erfaßt werden. Dieses nicht rechtwinklige Gebiet muß zum Zwecke der Interpolation in das α, β - Gebiet abgebildet werden. Dazu gelten folgende Abbildungsformeln:

$$\bar{z}_o = (\bar{z} - 0{,}25) \;/\; 0{,}25 \tag{1.43 a}$$

$$\bar{y}_o = (\bar{y} - 0{,}25) \;/\; 0{,}25 \tag{1.43 b}$$

$$1)\quad \bar{y} \leqq \bar{z} \;:\; \bar{\bar{y}} = \frac{\bar{z}_o^{\,2} + \bar{y}_o}{1 + \bar{y}_o};\quad \bar{\bar{z}} = \bar{z} \tag{1.43 c}$$

$$2)\quad \bar{z} > \bar{y} \;:\; \bar{\bar{z}} = \frac{\bar{y}_o^{\,2} + \bar{z}_o}{1 + \bar{y}_o};\quad \bar{\bar{y}} = \bar{y}_o \tag{1.43 d}$$

$$\alpha = \frac{2}{2} \cdot \;\bar{\bar{y}} + \bar{\bar{z}} - \;\bar{\bar{y}} - \bar{\bar{z}} \quad - 1 \tag{1.43 e}$$

$$\beta = \frac{2}{2} \cdot \;\bar{y} - \bar{z} \tag{1.43 f}$$

Im Bild 1.17 ist ein Teilgebiet der α, β -Ebene dargestellt. Die Eckpunkte dieses Teilgebietes sind α_1, α_2 und β_1, β_2. Die Strecken $\overline{\alpha_1, \alpha_2}$ und $\overline{\beta_1\ \beta_2}$ werden durch die lokalen Koordinaten ξ, η beschrieben. Über dieses Teilgebiet ist im Bild 1.17 eine mögliche Fläche dargestellt, die jedem unabhängigen ξ, η -Paar einen Funktionswert zuordnet.

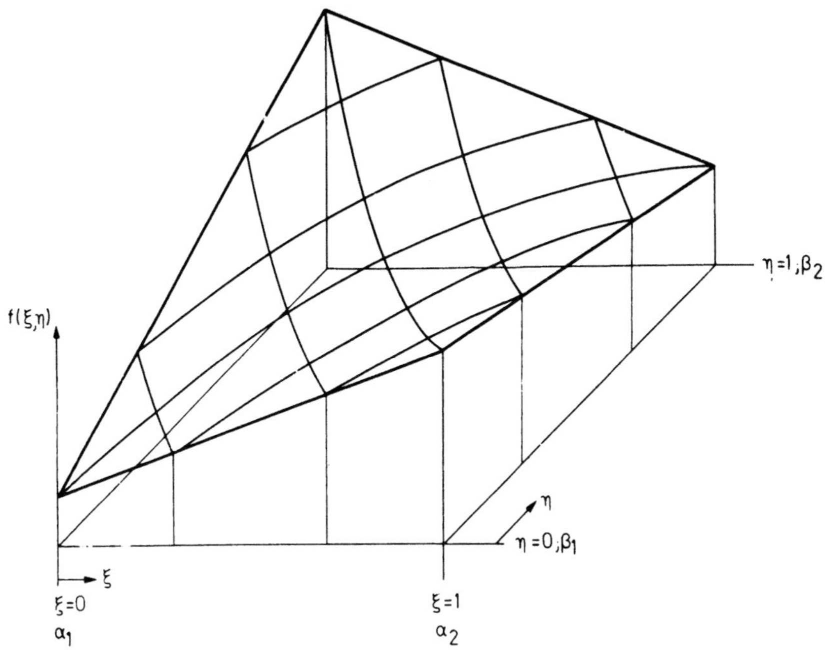

Bild 1.17: Interpolation mittels einer bilinearen Funktion

Bekannte Funktionswerte des Definitionsgebietes $0 \leq \xi, \eta \leq 1$ sind die vier Eckpunkte des Rechteckes. Diese Werte $f(0,0)$, $f(1,0)$, $f(0,1)$ und $f(1,1)$ stehen hier stellvertretend für die später zwischen den diskreten Geometriepunkten zu interpolierenden Größen wie:

- Arbeiten
- Volumina.

Der bilineare Ansatz zur Interpolation hat folgende Form:

$$f(\xi, \eta) = a_o + a_1 \xi + a_2 \eta + a_3 \xi \eta \qquad (1.44)$$

Die Koeffizienten a_o, a_1, a_2, a_3 kann man über die Stützstellenwerte $f(i,j)$ bestimmen. Daraus ergibt sich:

$$\begin{aligned} f(\xi, \eta) = {} & f(0,0) \; [1 - \xi - \eta + \xi \eta] \\ & + f(1,0) \; [\xi - \xi \eta] \\ & + f(0,1) \; [\eta - \xi \eta] \\ & + f(1,1) \; [\xi \eta] \end{aligned} \qquad (1.45)$$

Die lokalen Koordinaten ξ, η müssen noch über die globalen ausgedrückt werden. Der Zusammenhang lautet:

$$\xi = \frac{\alpha - \alpha_1}{\alpha_2 - \alpha_1} \tag{1.46}$$

$$\eta = \frac{\beta - \beta_1}{\beta_2 - \beta_1} \tag{1.47}$$

2. Leistungsumfang des Konstruktionskataloges

2.1 Varianten des Kataloges

2.1.1 Verrippungsvarianten

Grundmodell der untersuchten und in den Katalog aufgenommenen Varianten des Maschinenbettes ist ein geschlossenes, kastenförmiges Bauteil mit konstanter Wanddicke. Diese Variante ist im folgenden Bild oben links als Rechenmodell dargestellt.

Um den Rechenaufwand in erträglichen Grenzen zu halten, ist eine Auswahl der wesentlichen Verrippungsformen notwendig. Die ausgewählten Verrippungsformen im Bild 2.1 lassen sich in drei Grundformen unterteilen. In der ersten Zeile des Bildes ist neben dem Grundmodell, der unverrippten Kastenform, die Petersverrippung dargestellt. In der zweiten Zeile sind Quer- und Längsschotten in das Maschinenbett eingebaut, die als senkrechte Verrippungen bezeichnet werden. In der letzten Zeile des Bildes treten die Bauformen auf, die sich durch Diagonal- bzw. V-Verrippungen auszeichnen. Die eben aufgezählten Bauformen weisen zunächst alle eine Bodenplatte auf, d.h. sie sind nach unten geschlossen. Ohne Bodenplatte sind das unverrippte Kastenmodell, eine Petersverrippung sowie die senkrecht verrippten Modelle durchgerechnet worden.

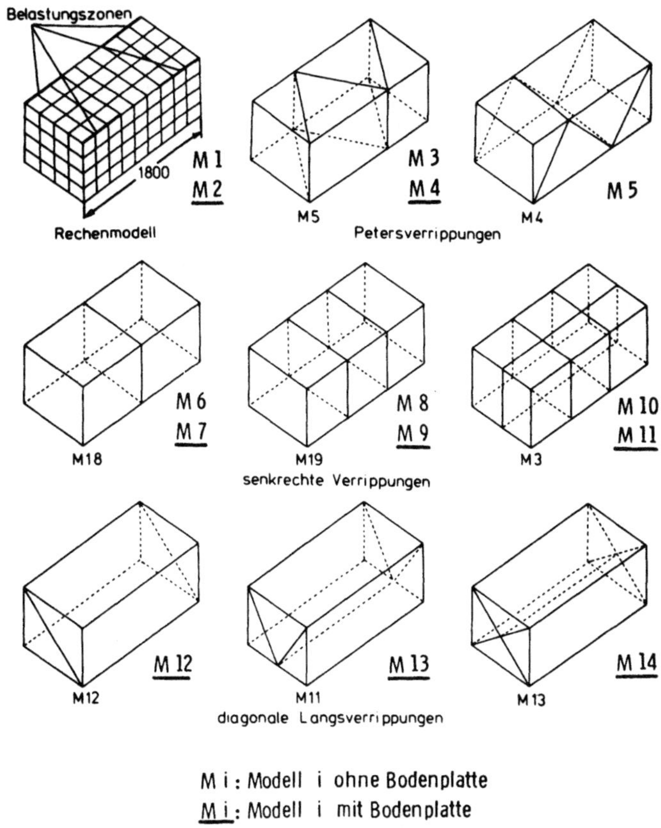

Bild 2.1: Verrippungsvarianten des Maschinenbettes

So ergeben sich insgesamt vierzehn verschiedene Varianten.

2.1.2 Geometrievarianten

Um möglichst vollständig die Palette verschiedener Maschinenbettformen abzudecken, müssen neben der Erfassung verschiedener Verrippungsformen auch verschiedene Geometrieverhältnisse, d.h. unterschiedliche äußere Abmessungen, berücksichtigt werden.

Eine Vereinfachung bietet diesbezüglich die Ähnlichkeitsmechanik. Besteht nämlich zwischen zwei Maschinenbetten geometrische Ähnlichkeit, d.h. alle geometrischen Abmaße stehen in einer konstanten Relation zueinander, so besteht auch physikalische Ähnlichkeit. Das hat zur Folge, daß die mechanischen Größen wie Steifigkeiten und Arbeiten mit Hilfe des Maßstabfaktors übertragen werden können.

Es reicht aber nicht,nur eine Geometrieform zu berücksichtigen. Vielmehr muß ein ganzer Bereich von Geometrieformen, d.h. Höhe zu Länge und Breite zu Länge des Maschinenbettes, berücksichtigt werden. Durch Beschränkung auf die relevanten Geometrieformen und durch Abstufung der äußeren Abmessungen in Form einer geometrischen Reihe, ist es erst möglich, die notwendigen finit-Elementrechnungen auf ein vertretbares Maß zu reduzieren.

Im Bild 2.2 sind die berücksichtigten Geometrieformen dargestellt. Sie liegen innerhalb des stark umrandeten Gebietes. Auf der Abszisse sind die Verhältnisse von Höhe zu Länge des Maschinenbettes aufgetragen, auf der Ordinate die Verhältnisse von Breite zu Länge.

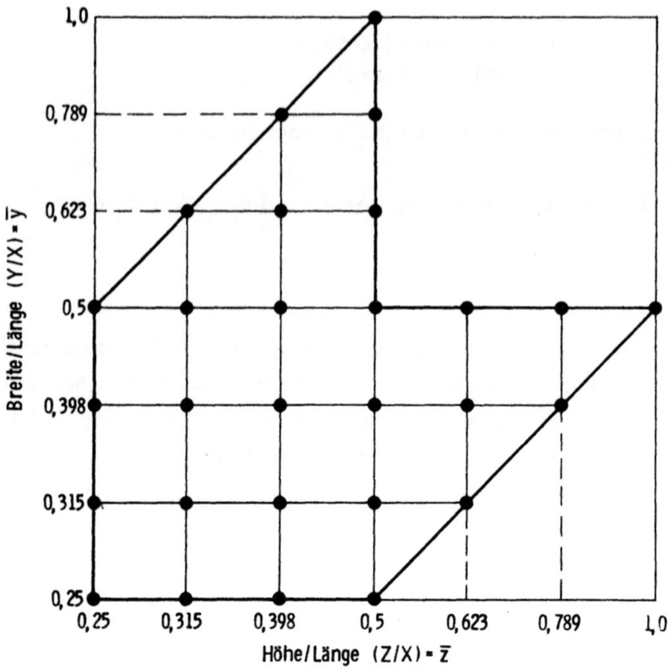

Bild 2.2: Geometrieformen

Die Schnittpunkte von Ordinaten- und Abszissenwerten, die durch einen Punkt gekennzeichnet sind, stellen die in der Rechnung berücksichtigten Geometrieformen dar. Alle anderen Kombinationen der Geometrie, die innerhalb des stark umrandeten Gebietes liegen, können durch Interpolation berücksichtigt werden.

2.2 Möglichkeiten des Kataloges

Der Katalog bietet im wesentlichen zwei Möglichkeiten. Als erstes ist es mit Hilfe des Kataloges möglich, Verformungen bei vorgegebener Belastung von Hand zu berechnen. Die Berechnung bezieht sich auf die gesamte Maschine, wie es im folgenden Beispiel einer Fräsmaschine der Fall ist. Dabei werden alle Teile der Maschine außer dem Maschinenbett als starr angesehen. Dadurch erhält man die Verformung infolge der Nachgiebigkeit des Maschinenbettes.

Als Eingangsgrößen für die Rechnung sind folgende Größen notwendig:

1. Die Abmaße des vorliegenden Maschinenbettes

2. Die Koordinaten des Punktes I. Der Punkt I ist der Punkt des Kraftangriffes und ist im Bild 2.3 nochmals erklärt.

3. Die Belastung am Punkt I.

Die einzelnen Rechenschritte, die zur Berechnung der Verformung notwendig sind, sind in einem Ablaufschema zusammengefaßt. Dabei ist zu jedem Rechenschritt dessen Bedeutung aufgeführt. Die notwendigen Formeln sind dabei jedem Rechenschritt zugeordnet. In der rechten Spalte sind die zu bestimmenden Größen aufgeführt. Diesen Größen kann hier ein Wert zugewiesen werden.

Wenn die errechneten Verformungen unzulässig sind, kann im Rechenschritt zwölf die Wanddicke so geändert werden, so daß die gewünschte Verformung erreicht wird. Ein Beispiel zu der eben aufgeführten Möglichkeit ist mit Hilfe des Ablaufschemas im Kapitel 2.2.1 aufgeführt.

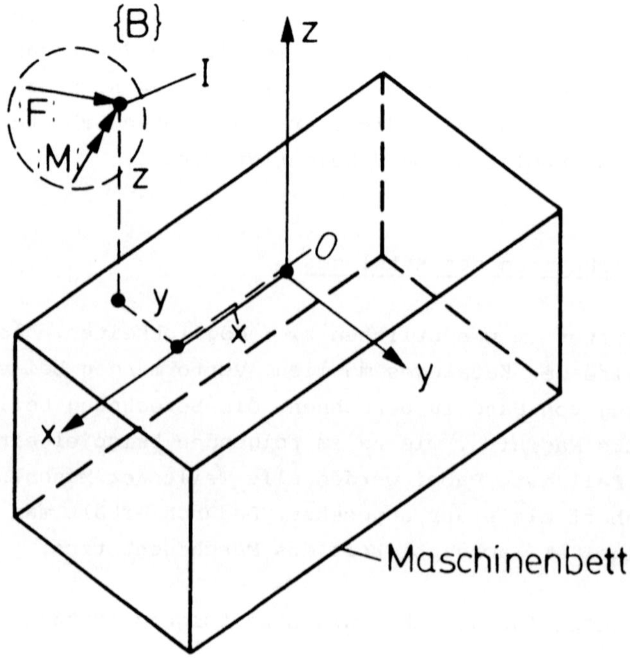

Bild 2.3: Definition des Punktes I

Die zweite Möglichkeit, die der Katalog bietet ist die, eine optimale Verrippungsform für eine konkrete Belastung und vorgegebener zulässiger Verformung zu finden. Dies kann mit Hilfe eines FORTRAN-Programmes geschehen. Die Eingabedaten für die Rechnung sind:

1. Abmaße des vorliegenden Maschinenbettes

2. Koordinaten des Punktes I

3. Zulässige Verformungen im Punkt I {U}und die dort auftretende Belastung {B}

4. Der Elastizitätsmodul des Werkstoffes des vorliegenden Maschinenbettes.

Die Ausgabe des Programmes besteht aus einer Tabelle, in der die einzelnen Modelle nach einer Bewertung zu einer bestimmten Reihenfolge aufgelistet sind. Die Bewertung sieht so aus, daß das Modell, das das geringste Volumen aufweist und die Bedingungen bezüglich der Verformungen einhält, als das "Beste" bewertet wird.

2.2.1 Berechnung von Verformungen

Im folgenden ist der Ablauf zur Bestimmung einer Verformung aufgezeigt. Als Beispiel dient eine Fräsmaschine, die im Bild 2.4 dargestellt ist.

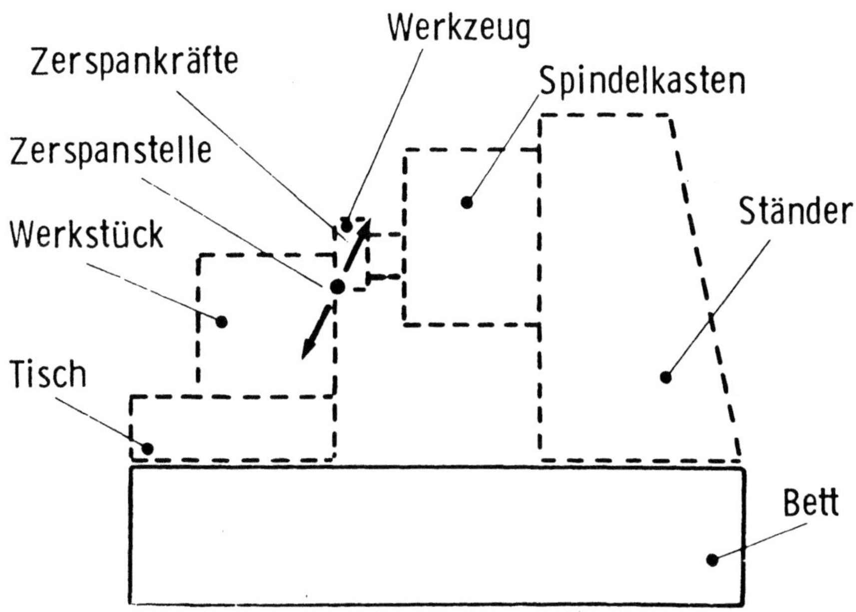

Bild 2.4: Analyse der Problemstellung

Die Kräfte, die die Verformungen der Fräsmaschine erzeugen, gehen von der Zerspannungsstelle aus. Es handelt sich hier um einen geschlossenen Kraftfluß. Im Kraftfluß liegt das Maschinenbett, dessen

Verformungsanteil an der Gesamtverformung, hier errechnet werden soll. Dazu werden Ständer, Spindelkasten, Tisch, Werkstück und Werkzeug als starr angenommen. Nur das Bett soll elastisches Verhalten zeigen.

Auf den folgenden drei Seiten ist der Berechnungsablauf in einem Schema zusammengefaßt. Danach wird zu den einzelnen Berechnungsschritten eine Erläuterung gegeben.

Schritt	Arbeitsschritt	Formel/Abkürzung	Wert
1	Wahl eines Modells	Auswahl aus Bild 2.1	M2
2	Abmaße des Maschinenbettes	L - Länge des Maschinenbettes B - Breite des Maschinenbettes H - Höhe des Maschinenbettes	L [mm] = 2700 B [mm] = 945 H [mm] = 1215
3	Koordinaten des Punktes I	Koordinaten entsprechend Bild 2.3	x [mm] = 900 y [mm] = 0 z [mm] = 810
4	Belastung am Kraftangriffspunkt I	F_i - Kraft in Richtung der Achse i M_i - Moment um die Achse i $i = x, y, z$	F_x [N] = 10^3 F_y [N] = 0 F_z [N] = $-2{,}5 \cdot 10^3$ M_x [N] = 0 M_y [N] = 0 M_z [N] = 0
5	Bildung bezogener Größen	$\bar{y} = B/L; \quad \bar{z} = H/L$	$\bar{y} = 0{,}35$ $\bar{z} = 0{,}45$
6	Maßstabsfaktor	$f = L/L_o; \quad L_o = 1800$ mm	$f = 1{,}5$
7	Abbildung von der $\bar{y}$, $\bar{z}$-Ebene in die α, β -Ebene	$\bar{z}_o = (\bar{z} - 0{,}25)/0{,}25$ $\bar{y}_o = (\bar{y} - 0{,}25)/0{,}25$ Fallunterscheidung: a) $\bar{y} \geqq \bar{z}; \quad \bar{\bar{y}} = \frac{\bar{z}_o^2 + \bar{y}_o}{1 + \bar{y}_o}; \quad \bar{\bar{z}} = \bar{z}_o$ b) $\bar{z} > \bar{y}; \quad \bar{\bar{z}} = \frac{\bar{y}_o^2 + \bar{z}_o}{1 + \bar{y}_o}; \quad \bar{\bar{y}} = \bar{y}_o$ $\alpha = \frac{\sqrt{2}}{2} \left(\bar{\bar{y}} + \bar{\bar{z}} - \lvert \bar{\bar{y}} - \bar{\bar{z}} \rvert - 1 \right)$ $\beta = \frac{\sqrt{2}}{2} \left(\bar{\bar{y}} - \bar{\bar{z}} \right)$	$\alpha = -0{,}141$ $\beta = -0{,}202$

Schritt	Arbeitsschritt	Formel/Abkürzung	Wert
8	Einordnung der α, β-Werte in Intervalle von I, J	$\begin{array}{|c|c|c|c|c|}\hline \alpha_i & -,500 & -,240 & ,092 & ,500 \\ \hline I & 1 & 2 & 3 & 4 \\ \hline\end{array}$ $\alpha_i \leqq \alpha \leqq \alpha_{i+1}$ $\begin{array}{|c|c|c|c|c|c|c|c|}\hline \beta_i & -,707 & -,418 & -,184 & 0 & ,184 & ,419 & ,707 \\ \hline J & 1 & 2 & 3 & 4 & 5 & 6 & 7 \\ \hline\end{array}$ $\beta_i \leqq \beta \leqq \beta_{i+1}$	α_1=-0,240 I_1=2 α_2= 0,092 I_2=3 β_1=-0,418 J_1=2 β_2=-0,184 J_2=3
9	Eingangsgrößen für die Interpolation	$\xi = \frac{\alpha - \alpha_1}{\alpha_2 - \alpha_1} \qquad \eta = \frac{\beta - \beta_1}{\beta_2 - \beta_1}$	ξ= 0,298 η= 0,923
10	Interpolation der Arbeiten W_{ii}. Die Arbeiten W_{ii} sind gekennzeichnet durch I,J in dem Katalog Seite 78 bis 85 zu finden.	$\overline{W}_{ii} = W_{ii}(I_1, J_1) \cdot [1 - \xi - \eta + \xi\eta]$ $+ W_{ii}(I_2, J_1) \cdot [\xi - \eta\xi]$ $+ W_{ii}(I_1, J_2) \cdot [\eta - \xi\eta]$ $+ W_{ii}(I_2, J_2) \cdot [\xi\eta]$ i = x, y, z	$\overline{W}_{xx}$ [Nmm] $=8{,}127 \cdot 10^{-5}$ $\overline{W}_{yy}$ [Nmm] $=2 \cdot 10^{-4}$ $\overline{W}_{zz}$ [Nmm] $=4{,}335 \cdot 10^{-4}$
11	Umrechnung der Arbeiten	$\overline{\overline{W}}_{ii} = \frac{1}{f} E_a/E \cdot \overline{W}_{ii}$ f - Maßstabsfaktor E - Elastizitätsmodul E_a - 210 000 N/mm^2	$\overline{\overline{W}}_{xx}$ [Nmm] $=5{,}418 \cdot 10^{-5}$ $\overline{\overline{W}}_{yy}$ [Nmm] $=1{,}33 \cdot 10^{-4}$ $\overline{\overline{W}}_{zz}$ [Nmm] $=2{,}890 \cdot 10^{-4}$

Schritt	Arbeitsschritt	Formel/Abkürzung	Wert
12	Mit den Arbeiten $\overline{\overline{W}}_{ii}$ aus Schritt 11 und der vorgegebenen Belastung aus Schritt 4 können die Verformungen errechnet werden.	$U_x = A \cdot \quad z\,(M_y + z\,F_x - x\,F_z)\,\overline{\overline{W}}_{yy}$ $\qquad - y\,(M_z + x\,F_y - y\,F_x)\,\overline{\overline{W}}_{zz}$ $U_y = A \cdot - z\,(M_x + y\,F_z - z\,F_y)\,\overline{\overline{W}}_{xx}$ $\qquad + ((\frac{L}{3})^2\,F_y + x(M_z + xF_y - yF_x))\,\overline{\overline{W}}_{zz}$ $U_z = A \cdot \quad y\,(M_x + yF_z - zF_y)\,\overline{\overline{W}}_{xx}$ $\qquad + ((\frac{L}{3})^2\,F_z - x(M_y + zF_x - xF_z))\,\overline{\overline{W}}_{yy}$ F_i - Kräfte im Punkt i M_i - Momente; $i = x, y, z$ x, y, z - Koordinaten des Punktes I $A = \frac{2 \cdot 10^{-5}}{(Nmm)^2}$	U_x [µm] = 3,11 U_y [µm] = 0 U_z [µm] = 8,84
13	Die Verformungen müssen entsprechend der vorliegenden Wandstärke d umgerechnet werden. Zudem kann bei einer unzulässigen Verformung diese über Änderung der Wandstärke entsprechend geändert werden.	$U_i = \frac{d_o \cdot f}{d} \quad \lvert U_i \rvert$ i - x, y, z d_o - Bezugswandstärke = 20 mm d - vorhandene Wandstärke U_i - Verformungen bei Wandst. $d_o \cdot f$ U_i - Verformungen bei Wandst. d	$\overline{U}_x$ [µm] = 5 $\overline{U}_y$ [µm] = 0 $\overline{U}_z$ [µm] = 10 d [mm] = 26,5 $\overline{d}$ [mm] =

Das Schema weist vier Spalten auf. In der ersten ist die Nummer des Arbeitsschrittes aufgeführt. Die zweite gibt eine Erläuterung des Arbeitsschrittes. In der dritten sind Formeln, die zur Auswertung des Arbeitsschrittes dienen, aufgeführt. In der rechten Spalte sind die Ergebnisgrößen eines jeden Arbeitsschrittes aufgeführt, denen für das hier angesprochene Beispiel schon ein Wert zugewiesen wurde.

In den ersten vier Schritten werden die Eingabedaten, also Abmaße des Maschinenbettes, Koordinaten des Kraftangriffspunktes I und Belastung am Punkt I festgelegt, d.h. in die rechte Spalte eingetragen. Vorab muß aber erst noch ein geeignetes Modell gewählt werden, in diesem Fall das Modell M2. Im Schritt fünf werden bezogene Größen gebildet; danach im nächsten Schritt wird ein Maßstabsfaktor, der das Verhältnis der Längen zwischen dem vorliegenden Maschinenbett und dem aus der Rechnung, nämlich Modell M2, errechnet. In diesem Fall ist der Maßstabsfaktor 1,5. Zum Zwecke der Interpolation wird im Schritt sieben eine Abbildung der $\bar{y},\bar{z}$ - Ebene, sie stellt das stark umrandete Gebiet im Bild 2.2 dar, in ein rechteckiges Definitionsgebiet α,β vorgenommen. Dazu wird in den ersten beiden Gleichungen eine Normierung von $\bar{y},\bar{z}$ in $\bar{y}_o$, $\bar{z}_o$ gebildet. Nachfolgend werden über eine Fallunterscheidung, die die Fälle $\bar{y}$ größer gleich $\bar{z}$ oder $\bar{z}$ größer $\bar{y}$ enthält, die Größen $\bar{\bar{y}}$ und $\bar{\bar{z}}$ errechnet. Mit diesen Größen können sodann α und β berechnet werden, die hier -0,202 und -0.141 sind. Diese Werte α und β müssen nach der Tabelle im Schritt acht in ein Intervall eingeordnet werden. Den Intervallgrenzen sind I und J Werte zugeordnet, mit deren Hilfe im Schritt zehn die notwendigen Arbeiten W aus dem Katalog entnommen werden können. Vorher müssen noch im Schritt neun die Eingangsgrößen für die Interpolation ζ und η errechnet werden. Im Schritt zehn werden die Arbeiten W interpoliert. Die vier Arbeiten W (I_i, J_j) werden dabei wie schon vorher erwähnt über die Kennzeichnung durch I_i und J_j aus dem Katalog entnommen. In dem vorliegenden Fall sind nicht alle Arbeiten interpoliert worden, wie man aus der rechten Spalte erkennen kann. Der Grund liegt darin, daß die nicht interpolierten Arbeiten in diesem Beispiel im Schritt zwölf nicht die Verformungen beeinflussen, da entweder eine Koordinate des Punktes I Null ist, oder eine der Kräfte F_y, F_z Null ist. Im vorliegenden Fall ist die y-Koordinate und die Kraft F_y Null. Daraus folgt, daß W_{xx}, W_{zz} keinen Einfluß auf die Verformungen haben und somit auch im Schritt zehn nicht interpoliert werden brauchen. Im Schritt elf wird der Maßstabsfaktor und der vorliegende E-Modul berücksichtigt. Allerdings muß der Werkstoff des Maschinenbettes eine Querkontraktion von 0,3 aufweisen. Im schon angesprochenen Schritt zwölf werden die Relativverschiebungen im Punkt I berechnet. Im Schritt dreizehn kann die Wandstärke des Bauteils so geändert werden, so daß die Verformungen kleiner oder gleich den zulässigen Verformungen sind.

2.2.2 Rechnerprogramm zur Auswahl einer optimalen Verrippung

2.2.2.1 Beschreibung des Programmes

Die Grundlagen, die zur Ermittlung einer optimalen Verrippung notwendig sind, sind schon im Kapitel 1.1.4.6 dargelegt worden. Die dort angesprochene Vorgehensweise läßt sich nur in einem Rechnerprogramm verwirklichen.
Ausgangspunkt für die Rechnung ist das vorliegende Maschinenbett, von dem man

1. die äußeren geometrischen Abmaße

2. die Belastung im Punkt I
   (Def. des Punktes I, s. Bild 2.3)

3. die Lage des Punktes I

4. den E-Modul

kennen muß. Weiterhin ist eine Vorgabe der maximal zulässigen Relativverschiebungen am Punkt I erforderlich. Diese eben aufgezählten Größen stellen neben den Werten des Kataloges die Eingangsgrößen des Programmes dar. Im Unterprogramm INTPOL wird ein Arbeitsvektor durch Interpolation aus den im Katalog vorhandenen Arbeitsvektoren gebildet. Diese Interpolation ist notwendig, da im allgemeinen die Geometrieform des vorliegenden Maschinenbettes nicht im Katalog wiederzufinden ist, sondern zwischen denen im Katalog vorhandenen Geometrieformen liegt. Mit Hilfe des Arbeitsvektors wird im Unterprogramm VERS die Relativverschiebung im Punkt I berechnet. Im weiteren Unterprogramm AUSWAL wird eine Auswahl aus/ den vierzehn vorhandenen Verrippungsvarianten vorgenommen. Die Auswahl geschieht nach der Zielsetzung, daß die Variante, die das geringste Volumen aufweist, als die optimale Variante gilt, wobei gleichzeitig die Restriktion in Form der zulässigen Verformungen bei vorgegebener Belastung berücksichtigt wird. Zudem wird nach dieser Maßgabe eine Abstufung der vierzehn Modelle vorgenommen. Diese Abstufung wird zusammen den Eingabedaten im Unterprogramm DRUCK ausgegeben.

2.2.2.2 Ein- und Ausgabe des Programmes

Die Größen müssen in folgender Reihenfolge eingegeben werden:

1. Koordinaten des Punktes I [mm] (3 F 15.6)
   (s. Bild 2.3)
   x-Koordinate, y-Koordinate, z-Koordinate

2. Kräfte des Punktes I [N] (3 F 15.6)
   F_x, F_y, F_z

3. Momente am Punkt I [Nmm] (3 F 15.6)
   M_x, M_y, M_z

4. Verschiebungen des Punktes I [mm] (3 F 15.6)
   U_x, U_y, U_z

5. Länge, Breite, Höhe und E-Modul des Maschinenbettes [mm] (4 F 15.6)
   Länge, Breite, Höhe, E-Modul

Als Beispiel diene hier der im vorigen Kapitel behandelte Fall. Hierfür soll die Verrippungsvariante gefunden werden, die bei minimalem Gewicht die im vorigen Kapitel zugelassenen Verformungen nicht überschreitet. In der folgenden Tabelle sind die für das Programm notwendigen Eingabedaten aufgeführt.

Kraftangriffspunktkoord.		
x = 900.	y = 0.0	z = 810.
Kräfte		
F_x = 1000.	F_y = 0.0	F_z = 2500.
Momente		
M_x = 0.0	M_y = 0.0	M_z = 0.0
Verschiebungen		
U_x = 0.005	U_y = 0.0	U_z = 0.01
Geometrie		
Länge = 2700.	Breite = 945.	Höhe = 1215.
E-Modul		
E = 210 000.		

Als Relativverschiebungen sind die im Ablaufschema als zulässig definierten Relativverschiebungen, nämlich $\bar{U}_x$ = 0,005 mm und $\bar{U}_z$ = 0,01 mm gewählt worden.

Im folgenden Bild 2.5 sind die vierzehn Verrippungsvarianten nach dem notwendigen Volumen zur Erfüllung der Restriktionen,also den zulässigen Verformungen in der linken Spalte aufgeführt. Daneben ist die zugehörige Wandstärke in mm eingetragen. In der Spalte "Prozent" ist das rechte Volumen aufgetragen, wobei das Volumen des Bauteils mit dem minimalen Volumen zu 100 % gesetzt wurde. In der rechten Hälfte des Bildes sind die entsprechenden Prozentzahlen in einem Balkendiagramm dargestellt.

Das sagt aus, daß das Modell M13 die beste Lösung darstellt, da es das geringste Volumen bei Einhaltung der zulässigen Relativverschiebungen aufweist. Beachtet man aber, daß bei den Finite-Element-Rechnungen ein maximaler Fehler von 10 % bezüglich der errechneten Verschiebungen und damit den im Katalog enthaltenen Arbeiten auftrat, so sind die Modelle M1, M2 dem Modell M13 für dieses hier gewählte Beispiel als gleichwertig anzusehen.

Modell 13 stellt einen geschlossenen Kasten mit V-Verrippung dar. Modell M1 und M2 sind Kästen ohne und mit Bodenplatte. Das das offene Modell M1 hier geringfügig besser ist als das geschlossene, liegt an der vorliegenden Biegebelastung. Alle weiteren Modelle kommen hier für eine Auswahl nicht in Frage. Welches der drei ersten Modelle nun als das Beste bewertet wird, muß der konkrete Anwendungsfall entscheiden. Als Auswahlkriterium können dafür zum einen die Herstellungskosten, zum anderen die Anforderungen an die Geometrieform herangezogen werden.

MODELL	DICKE	PROZENT	ERFORDERLICHE VOLUMINA DER MODELLE
M13	16.4	100	* 100 PROZENT= 0.333E 09 (MM)**3
M 1	31.4	103	****
M 2	26.5	107	********
M 6	30.8	111	**************
M 7	26.0	113	****************
M12	22.8	119	************************
M 9	25.7	120	************************
M14	18.7	120	*************************
M 5	23.0	121	*************************
M 8	30.6	121	*************************
M 4	23.2	125	*******************************
M10	25.6	125	*******************************
M11	22.5	126	********************************
M 3	28.5	132	**

Bild 2.5: Die nach dem Gewicht bzw. Volumen bewerteten Modelle, bei Vorgabe von Verformungen als Restriktionen

3. Optimierungsrechnung

3.1 Gegenüberstellung verschiedener Optimierungsverfahren

Im Gegensatz zur Variantenrechnung, bei der eine größere Anzahl von Lösungen vergleichend berechnet wird, bezieht sich die Optimierungsrechnung auf einen vorgegebenen Bauteilentwurf, der entsprechend den Restriktionen und Optimierungszielen modifiziert wird. Der dabei iterativ zu durchlaufende Optimierungsprozeß besteht einmal aus der Finite-Element Analyse des Bauteilrechenmodells. Diese Analyse liefert die Zustandsgrößen des Rechenmodells, z.B. Verformungen und Spannungen, die vom nachfolgenden Optimierungsalgorithmus zur Anpassung des Finite-Element-Rechenmodells an die Optimierungsziele genutzt werden.

Die Bestimmung einer optimalen Bauteilausführung mit Hilfe von Optimierungsrechnungen setzt zunächst die genaue Formulierung der Problemstellung voraus. Die Problemstellung ist zu diskretisieren, indem eine diskrete Zahl von Konstruktionsparametern und Restriktionen definiert wird.

Konstruktionsparameter sind diejenigen Eigenschaften des Finite-Element-Rechenmodells, die bei der Anpassung des Rechenmodells an das Optimierungsziel verändert werden. Als Konstruktionsparameter kommen zunächst die Eigenschaften der Rechenmodellelemente, z.B. die Wanddicke von Scheibenelementen oder die Querschnittsflächen von Stäben in Betracht. Zusätzlich können als Parameter die Koordinaten vorgegebener Rechenmodellknoten verwendet werden.

Restriktionen sind einmal die für die Veränderung der Konstruktionsparameter zulässigen Grenzen, z.B. minimale und maximale Wanddicken der Rechenmodellelemente. Zum anderen betrefffen sie die in der Finite-Element-Analyse ermittelten Kennwerte. Als Restriktionen werden z.B. zulässige Knotenverschiebungen oder maximale Elementspannungen vorgegeben. Zur Durchführung der Optimierungsrechnung ist der Zusammenhang zwischen Restriktionen und Konstruktionsparametern zu bestimmen.

Als Zielfunktion kann eine Kostenfunktion definiert werden und es ist die Abhängigkeit von den Konstruktionsparametern zu bestimmen. Die Abhängigkeit der Herstellkosten von den Konstruktionsparametern ist bei technischen Problemstellungen analytisch kaum beschreibbar. Als erste Näherung der Herstellkosten wird daher meist das Bauteilgewicht gewählt. Optimierungsziel ist damit die gewichtsminimale Bauteilausführung, die die vorgegebenen Restriktionen erfüllt.

Zur Lösung der vorgestellten Problemstellung bieten sich mehrere Optimierungsverfahren an. Im wesentlichen ist dabei zwischen Verfahren der mathematischen Programmierung und Verfahren, die Optimierungskriterien anwenden, zu unterscheiden. Als Beispiele für Verfahren der mathematischen Programmierung sollen ein Verfahren der linearen Programmierung sowie das Gradientenverfahren diskutiert werden.

Das Verfahren der linearen Programmierung verlang die Linearisierung der Zusammenhänge zwischen den Restriktionen und der Zielfunktion. Pope /3/ läßt bei der Anwendung seiner "Move limits" Methode auf scheibenförmige Finite-Element-Strukturen Verschiebungsgrenzen für die Knoten des Rechenmodells sowie Spannungs- und Wanddickengrenzen der Elemente als Restriktionen zu. Konstruktionsvariable ist die Wanddicke der ebenen Scheibenelemente. Die nicht linearen Zusammenhänge zwischen Zielfunktion, Restriktionen und Konstruktionsvariablen werden für "Move-Limits" genannte Arbeitsbereiche linearisiert. Der Optimierungsprozeß ist iterativ in den Schritten Finite-Element-Analyse und Strukturauslegung mit Hilfe der linearen Programmierung durchzuführen.

Auf eine Herleitung der Gleichungssysteme der "Move limit" Methode soll hier verzichtet werden, lediglich die wesentlichen Arbeitsschritte seien angegeben.

Sie umfassen:

- Aufstellen und Lösen des Finite-Element-Gleichungssystems, Bestimmen von Spannungen und Verschiebungen

- Differenzieren der Steifigkeitsmatrix und der Zielfunktion nach den Konstruktionsvariablen (Linearisierung)

- Bestimmung von Transformationsmatrizen für die Restriktionen unterworfenen Verschiebungen

- Invertierung der Steifigkeitsmatrix

- Bestimmung der Änderung der Konstruktionsvariablen mit Hilfe der Simplex-Methode.

Dem Vorteil der umfangreichen Berücksichtigung der Restriktionen steht bei der linearen Programmierung ein erheblicher rechentechnischer und entsprechender programmtechnischer Aufwand entgegen. Die in der Literatur /3/ dargestellten Beispiele beschränkten sich auf wenige Variable; der Gewinn gegenüber anderen Optimierungsverfahren ist relativ gering.

Das Gradientenverfahren erlaubt ebenfalls eine sehr genaue Berücksichtigung von Restriktionen. Neben Verschiebungs-,Spannungs- und Abmessungsgrenzen sind Grenzen für Knotenlagen möglich. Entsprechend sind als Konstruktionsvariable nicht nur Elementdicken oder -Flächen, sondern auch die Koordinaten der Knoten des verwendeten Finite-Element-Modells zugelassen.

Der mathematische und rechentechnische Aufwand des Gradientenverfahrens ist erheblich. Für die Herleitung der Gleichungssysteme sei wieder auf die Literatur verwiesen /4/. Wesentliche Rechenschritte sind:

- Aufstellen der Kraft-Verformungsbeziehung (Steifigkeitsmatrix) und der Spannungs-Verschiebungsbeziehung.

- Differenzieren der Matrizen nach den Konstruktionsvariablen Elementdicke und Knotenlagen

- Aufstellen und Differenzieren der Matrix der verletzten Restriktionen

- Invertieren der Steifigkeitsmatrix

Der geschilderte Rechenprozeß wird iterativ durchlaufen. Die Beispiele der Literatur beschränken sich auf einfache Fachwerkskonstruktionen mit wenigen Rechenknoten, da der Rechenaufwand, insbesondere der Aufwand zur Invertierung der Steifigkeitsmatrix, die Problemgröße begrenzt.

Die auf Optimierungskriterien beruhenden Optimierungsverfahren ändern die Konstruktionsvariablen des Rechenmodells so, daß in jedem Element des Finite-Element-Rechenmodells ein vorher definierter Wert des Optimierungskriteriums erreicht wird. Als Optimierungskriterium kann z.B. ein Spannungswert angegeben werden, der in allen Elementen des Rechenmodells zu erreichen ist. Gegenüber den Verfahren der mathematischen Programmierung sind die auf Optimierungskriterien beruhenden Verfahren in der Formulierung von Konstruktionsvariablen und Restriktionen begrenzt.

Diesen Nachteilen steht der Vorteil einer einfachen Anwendung mit nur mäßigen rechentechnischem Aufwand gegenüber.

3.1.1 Auswahl eines geeigneten Optimierungsverfahrens für Gestellbauteile

Eine für Gestellbauteile geeignete Optimierungsstrategie muß die Bauteilauslegung so vornehmen, daß bei minimalem Bauteilgewicht für unterschiedliche Lastzustände vorgegebene Steifigkeitskennwerte erreicht werden.

Das im folgenden geschilderte Optimierungsverfahren /3/ erfüllt diese Forderungen.

Als Konstruktionsvariable können diejenigen Elementeigenschaften verwendet werden, die in linearem Zusammenhang zur Steifigkeit des Elements stehen. So sind z.B. bei Scheibenelementen die Scheibendicke, bei Stäben die Stabfläche der Elementsteife proportional.

Im folgenden werden zunächst die Grundlagen des Optimierungsverfahrens anhand einer Herleitung der mathematischen Zusammenhänge aufgezeigt. Zwei einfache Anwendungsbeispiele erläutern anschließend die Leistungsfähigkeit des Verfahrens.

Einen Ansatz für die Entwicklung des Optimierungsverfahrens liefert die Variationsrechnung. Es ist für die Verteilung und Anordnung der Bauteilmasse eine Funktion zu finden, die unter der Nebenbedingung einer vorgegebenen konstanten Bauteilsteife zu einer minimalen Bauteilmasse führt. Dieses Variationsproblem kann unter Anwendung des Lagrangeschen Multiplikators $1/\lambda$ als gewöhnliches Variationsproblem behandelt werden /3/:

$$\Phi = \sum_{k=1}^{n} d_i \; \varrho_i \; A_i - \frac{1}{\lambda} \; W \tag{3.1}$$

Die Funktion Ø in Gleichung 3.1 verknüpft die Bauteilmasse als Summe der Elementmassen mit der Arbeit der äußeren Kräfte W. Die Arbeit steht stellvertretend für die Bauteilsteifigkeit, d, ϱ und A sind Elementdicke, spezifische Elementdichte und Elementfläche.

In der optimal ausgelegten Struktur ist das Gesamtgewicht bei vorgegebener Steife minimal. Ein Minimum für Ø liegt dann vor, wenn die erste Ableitung nach der Elementdicke Null ergibt.

$$\frac{\partial \Phi}{\partial d_i} = \varrho_i \; A_i - \frac{1}{\lambda} \; \frac{\partial}{\partial d_i} \; W = 0 \tag{3.2}$$

Die Arbeit der äußeren Kräfte W ist dabei das Produkt aus äußeren Kräften (F) und den zugehörigen Verschiebungen (U). Kraft und Verschiebung sind über die Gesamtsteifigkeitsmatrix [K] verknüpft:

$$W = 1/2 \; \{U\}^T \{F\} = 1/2 \; \{U\}^T [K] \{U\} \tag{3.3}$$

Nach Einsetzen von Gleichung 3.3 in Gleichung 3.4 und Ausführen der Differentation, bei der alle nicht mit Element i verknüpften Werte der globalen Steifigkeitsmatrix entfallen, folgt:

$$0 = \varrho_i \; A_i - \frac{1}{\lambda} \cdot \frac{\partial}{\partial d_i} \; 1/2 \; \{U\}^T \; [K] \{U\} \tag{3.4}$$

Die Steifigkeitsmatrix $[K_i]$ hängt von dem Konstruktionsparameter Elementdicke d_i linear ab. Durch Ausführen der Differentation in Gleichung 3.4 und nachfolgender Multiplikation mit der Elementdicke d_i ergibt sich ein Ausdruck für den Lagrangeschen Multiplikator:

$$\lambda = 1/2 \quad \frac{\{U\}^T [K] \{U\}}{\varrho_i \quad A_i \quad d_i} \tag{3.5}$$

Der Zähler dieses Ausdruckes stellt die vom Element i aufgenommene Arbeit dar. Geht man davon aus, daß die spezifische Dichte aller Elemente gleich ist, so ist der Nenner proportional zum Volumen des Elementes i. Somit ist der Faktor λ in Gleichung 3.5 proportional zur spezifischen Formänderungsarbeit im Element i.

Das Optimierungskriterium lautet damit:

Die optimale Dimensionierung einer Struktur liegt dann vor, wenn im Bauteil eine konstante spezifische Formänderungsarbeit vorliegt.

Die praktische Anwendung der Optimierungsrechnung erfolgt mit einer aus dem Optimierungskriterium abgeleiteten Rekursionsformel. Diese Formel bestimmt die Wanddicke des vorherigen Schrittes ν, der jeweiligen Rechenmodellmasse M und den in den Lastfällen 1 - p jeweils vorgegebenen Arbeiten W.

Die Masse des Bauteilrechenmodells ergibt sich zu:

$$M = \sum_{i=1}^{n} \varrho_i \quad A_i \quad d_i \tag{3.6}$$

Die Rekursionsformel wird hier ohne Herleitung angegeben:

$$(d_i)_{\nu+1} = (d_i) \cdot \left[\sum_{k=1}^{p} \frac{M}{W_k} \quad \frac{1/2 \ \{U\}^T [K] \{U\}}{d_i \quad \varrho_i \quad A_i} \right]^{1/2} \tag{3.7}$$

Damit kann mit Hilfe der Rekursionsformel für vorgegebene Steifigkeitsanforderungen eine gewichtsoptimale Strukturdimensionierung erzielt werden. Die Leistungsfähigkeit des hier verwendeten Optimierungsalgorithmus wird zunächst anhand eines einmal durch Scheibenelemente, zum anderen durch Platten approximierten Biegebalkens aufgezeigt.

Bild 3.1 zeigt die Ergebnisse der Bauteilauslegung für einen durch Scheibenelemente approximierten Biegebalken. Der Balken ist in 15 Elemente in Längsrichtung aufgeteilt und am freien Ende durch eine Einzelkraft belastet.

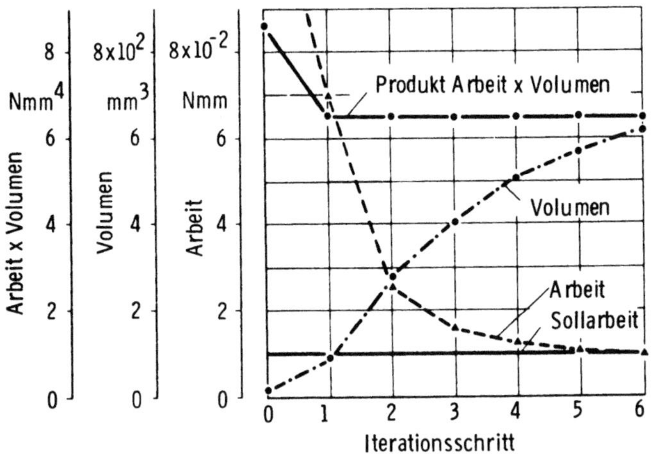

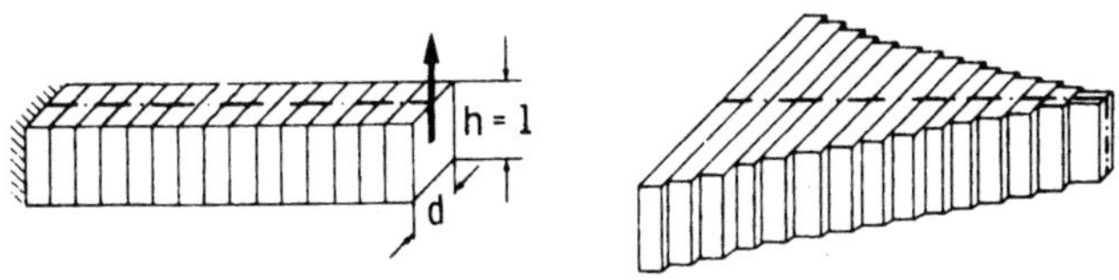

Rechenmodell des Biegebalkens
15 Scheibenelemente der Dicke 1

Verteilung der Wanddicke d
nach Iterationsschritt 6

Bild 3.1: Anwendung der Optimierungsrechnung auf einen durch Scheibenelemente approximierten Biegebalken

Für 6 Iterationsschritte, bestehend aus Finite-Element-Analyse und nachfolgender Auslegung mit Hilfe der Rekursionsformel sind im Bild 3.1 die Werte der vom Bauteil aufgenommenen Arbeit (gestrichelte Kurve), das Bauteilvolumen (strichpunktiert) und das Produkt aus Arbeit und Volumen (durchgezogene Linie) dargestellt. Konvergenz ist bezüglich der Qualitätskennziffer Arbeit x Volumen für diese statisch bestimmte Problemstellung bereits in einem Iterationsschritt erreicht. In weiteren 5 Schritten wird lediglich die vom Bauteil aufgenommene Arbeit der vorgegebenen Sollarbeit angeglichen. Konvergenz wird hier im sechsten Iterationsschritt erzielt.

Im Bild unten ist die Wanddickenverteilung des letzten Iterationsschrittes dargestellt. Die Wanddicke nimmt in Stufen linear über der Biegelänge des Balkens zu. Die Wanddickenverteilung entspricht damit der Form eines Biegebalkens minimalen Gewichts bei vorgegebener Steifigkeit /3/.

Die Ergebnisse der Anwendung der Optimierungsrechnung auf ein plattenförmig belastetes Bauteil zeigt Bild 3.2. Der Biegebalken ist hier durch 15 senkrecht zu ihrer Ebene belastete Plattenelemente approximiert. Zwischen der Biegesteifigkeit der Platte und ihrer Dicke besteht kein linearer Zusammenhang, wie ihn die Optimierungsrechnung verlangt, sondern ein kubischer. Die im Bild für die 6 Iterationsschritte dargestellten Werte der vom Bauteil aufgenommenen Arbeit, des Bauteilvolumens und des Produktes beider zeigen kein eindeutiges Konvergenzverhalten. Zwar bleibt im Laufe des Iterationsprozesses die Istarbeit in der Nähe der Sollarbeit, Konvergenz ist jedoch nicht festzustellen.

Im unteren Bildteil ist die Wanddickenverteilung der Plattenelemente des Biegebalkens für die Iterationsschritte 1 bis 4 dargestellt. Man erkennt, daß die Auslegung von Schritt zu Schritt zwischen einer günstigeren linearen Wanddickenverteilung und einer ungünstigeren Verteilung mit gleicher Wanddicke für alle Elemente alterniert.

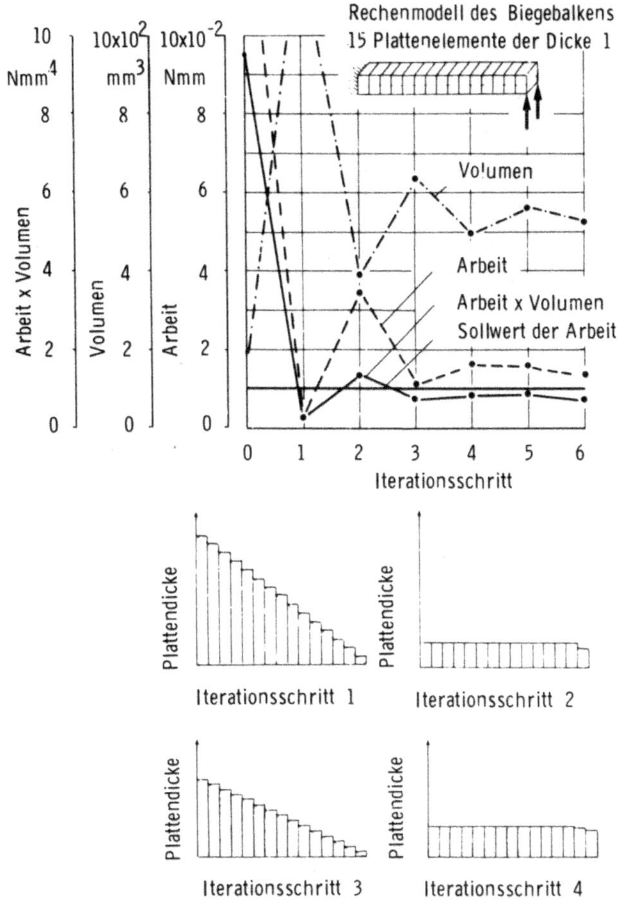

Bild 3.2: Anwendung der Optimierungsrechnung auf ein plattenförmig belastetes Bauteil

Die für den Balken mit kontinuierlicher Dickenzunahme zu erwartende parabelförmige Wanddickenverteilung /5/ wird nicht erreicht.

Das Versagen des Optimierungsverfahrens für Bauteile mit Plattencharakteristik ist festzustellen.

3.1.2 Optimierung von Gestellbauteilen

Die Leistungsfähigkeit und Anwendungsgrenzen der Optimierungsrechnung werden im folgenden am Beispiel von Maschinenbettmodellen aufgezeigt. Dabei steht die Frage des Optimierungserfolges, d.h. der durch die Anwendung der Optimierungsrechnung erzielbaren Materialersparnis und damit auch die Verringerung der für das dynamische Bauteilverhalten wichtigen Bauteilmasse im Vordergrund.

Der Optimierungsalgorithmus legt die Bauteilstruktur entsprechend der vom Anwender vorgegebenen Sollarbeiten der äußeren Kräfte aus. Ziel der Auslegung ist die für eine vorgegebene Bauteilsteife gewichtsminimale Struktur.

Als Kennwert für die Bauteilqualität wird hier das Produkt aus der vom Bauteil aufgenommenen Arbeit und dem zugehörigen Materialvolumen herangezogen.

Zur Auslegung eines Gestellbauteils können entsprechend der Bauteilbeanspruchung unterschiedliche, hier als "Mehrlastauslegung" und "Einlastauslegung" bezeichnete Strategien angewendet werden:

Mehrlastauslegung: Werden für mehrere Belastungszustände möglichst günstige Bauteileigenschaften gefordert, so ist die Optimierungsrechnung gleichzeitig auf alle Hauptlastfälle anzuwenden.

Einlastauslegung: Bei nur einem Hauptlastfall wird die Optimierung nur für diesen vorgenommen. Dabei sind jedoch die Nachgiebigketiseigenschaften in untergeordneten Lastfällen zu beachten. Bei Überschreiten zulässiger Nachgiebigkeiten muß die Optimierungsrechnung abgebrochen werden, da das hier mögliche Optimum erreicht ist.

3.1.2.1 Auslegung für mehrere Belastungszustände

Wechselnde Beanspruchungen zufolge der in Richtung und Betrag veränderlichen Bearbeitungskräfte sind kennzeichnend für spanende Werkzeugmaschinen. Ziel der Gestellbauteilauslegung ist es, für alle zu erwartenden Lastzustände des Bauteils günstige Bauteileigenschaften zu erzielen.

Die Optimierungsrechnung erstreckt sich also auf alle relevanten Lastfälle. Während des iterativen Optimierungsprozesses werden die Bauteileigenschaften für alle Lastfälle gleichzeitig verbessert. Dabei hängt das gegenseitige Verhältnis der möglichen Verbesserungen wie die Rekursionsformel 3.7 zeigt, von den für die einzelnen Lastzustände vorgegebenen Sollarbeiten ab.

Für das im Bild 3.3 dargestellte Beispiel einer Optimierungsrechnung wurde für drei Maschinenbettmodelle eine in allen Lastfällen jeweils gleiche Sollarbeit vorgegeben. In der rechten Bildhälfte sind die einzelnen Modelle dargestellt. Die Belastung wurde oberhalb des Maschinenbettes aufgebracht und wie in Kapitel 1.1.4.2 dargelegt,in die Lasteinleitungszonen eingeleitet. Weiter ist im Bild der zur Bauteilbewertung herangezogene Kennwert, das Produkt der vom Bauteil aufgenommenen Arbeit der äußeren Kräfte mit dem Materialvolumen des Bauteils, für die einzelnen Schritte der iterativen Auslegung und die drei Belastungen dargestellt.

In vier Finite-Element-Analysen, gefolgt von der rechnergestützten Bauteilstrukturierung durch den Optimierungsalgorithmus, wird Konvergenz erreicht.

In den durchgeführten Untersuchungsreihen gilt Konvergenz dann als erreicht, wenn die im Iterationsschritt erreichbare Verbesserung des Kennwertes Arbeit x Volumen 2 % des entsprechenden Wertes des Ausgangsmodells unterschreitet.

Der Verlauf des Kennwertes zeigt für alle Modelle gleiches Verhalten. Im ersten Iterationsschritt werden etwa 70 - 80 % der möglichen Bauteilverbesserung erzielt, während Schritt 2 noch etwa 20 % und Schritt drei weniger als 5 % Abnahme des Kennwertes erbringt. Der im dritten Iterationsschritt erreichte Kennwert zeigt eine Bauteilverbesserung im Lastfall Biegung (F_x) von etwa 25 %, im Lastfall Torsion (F_y) von 37 %. Das Bauteil kann infolgedessen gegenüber dem Ausgangsmodell um 1/4 leichter gebaut werden, wobei in den Belastungszuständen Biegung und Torsion etwa gleichbleibende, im Lastfall

Schub erhöhte Steifigkeit vorliegt. Damit ist eine erhebliche Bauteilverbesserung erzielt worden. Dies gilt insbesondere bei Berücksichtigung der Tatsache, daß die Optimierungsrechnung von den bereits in der Variantenrechnung günstig bewerteten Maschinenbettmodellen ausgeht.

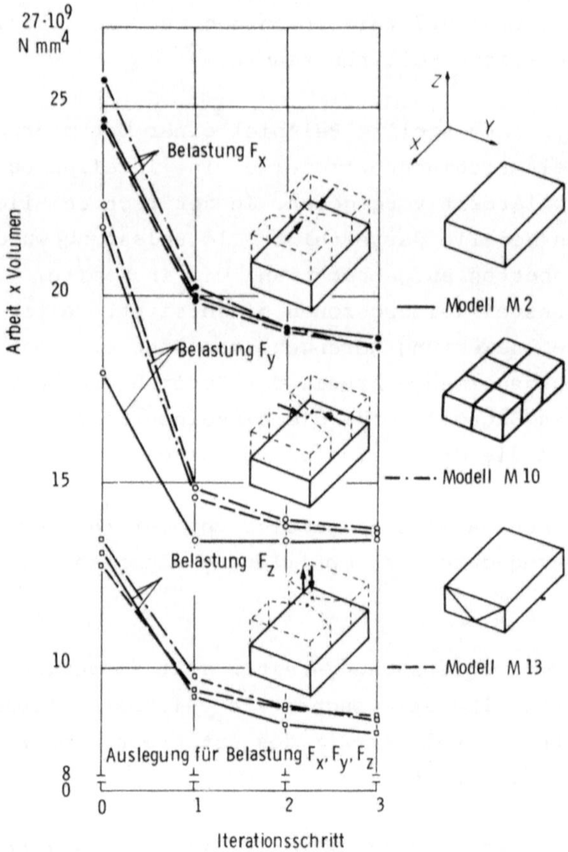

Bild 3.3: Vergleich des Optimierungserfolges für unterschiedlich verrippte Maschinenbettmodelle bei Mehrlastauslegung

Trotz der, besonders im Torsionsfall bei Belastung F_y unterschiedlichen Ausgangswerte der Nachgiebigkeit der einzelnen Modelle wird in den einzelnen Belastungszuständen ein für alle Modelle etwa gleicher Wert des Produktes Arbeit x Volumen erreicht. Die Abweichungen betragen, bezogen auf den jeweiligen Wert des unverrippten Grundmodells, höchstens 5 %. Die geringe Abweichung der Bewertung der optimierten Modelle ist überraschend, da die Annahme naheliegt, daß die verrippten Modelle, aufgrund ihrer größeren Zahl von Konstruktionsvariablen, günstigere Bewertungen erzielen. In Bild 3.4 sind die im dritten Iterationsschritt erzielten Wandstärken der ebenen Schalenelemente der drei Maschinenbettmodelle normiert auf das Ausgangsvolumen des Grundmodells dargestellt. Entsprechend den vorgegebenen Belastungen ergibt sich bezüglich der Wanddicken eine Doppelsymmetrie des Maschinenbettes um seine Längs-(x-) und Quer-(y-) Achse.

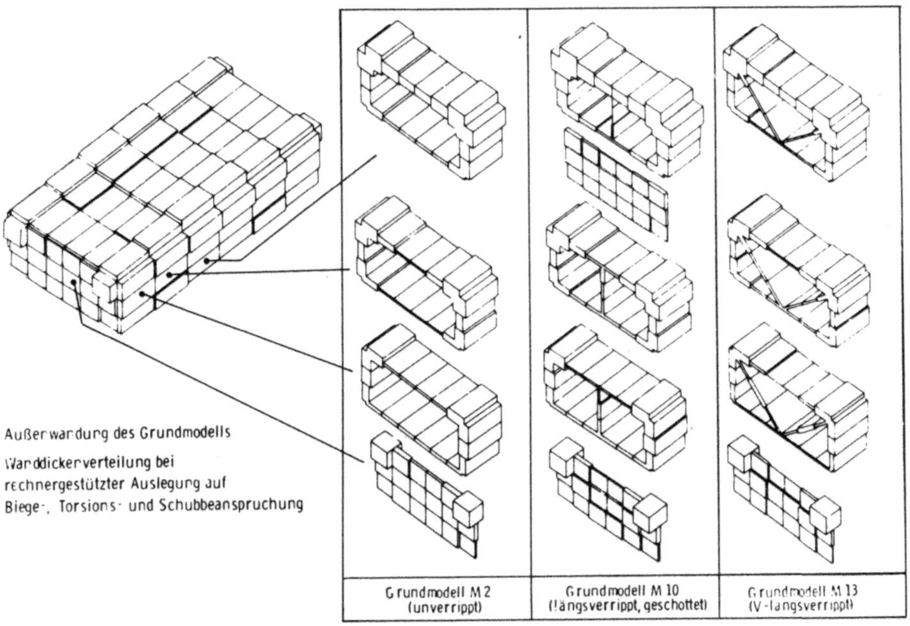

Bild 3.4: Wanddickenverteilung unterschiedlich verrippter Maschinenbettmodelle

Die linke Bildhälfte zeigt die Außenwandungen des Grundmodells, rechts sind nach Art einer Explosionszeichnung die einzelnen Segmente der Maschinenbettrechenmodelle dargestellt.

Der Vergleich der einzelnen Maschinenbettausführungen zeigt, daß für alle Modelle die Wandstärkenverteilung der äußeren Bauteilwandungen ähnlich ist.

Die Seitenwände des Bauteils sind im Vergleich zur Ausgangswandstärke verdickt. Der Bauteilboden weist in etwa eine konstante Wandstärke von ca. 10 mm auf, lediglich im Mittelbereich des Maschinenbettes treten an den Elementen, die an die Seitenwand grenzen, erhebliche Wanddickenvergrößerungen auf. Ein im Prinzip ähnliches Bild zeigt die Deckplatte. In der Mitte des Maschinenbettes bildet sich quer zur Längsachse eine stegähnliche Verstärkung aus, deren Wandstärke von 35 mm in der Mitte auf 70 mm im Bereich der Seitenwände zunimmt. Gegenüber den erheblichen Wandstärken in Bettmitte zeigen das vordere und hintere Bettdrittel nur geringe Werte; die nicht an den Seitenwänden grenzenden Elemente weisen nur noch eine Wandstärke von 5 mm auf.

Dem verstärkten Mittelsteg der Deckplatte steht also eine Aussparung im vorderen und hinteren Drittel des Bettes gegenüber. Die Stirnplatten des Maschinenbettes haben eine Wandstärke von etwa 12 mm. Die Ecke zwischen Seitenwand und Deckplatte ist dabei erheblich auf etwa 40 mm verstärkt, während die Ecke zwischen Seitenwand und Bodenplatte nur 4 mm stark ist. Hier wurde eine Versteifung der entsprechenden Lasteinleitungszonen der Bettoberkante erzielt.

Die Wandungen der Innenverrippungen sind im Vergleich zu den Seitenwänden erheblich dünner.

So weist Modell M10 nur geringe Wandstärken in der Längsverrippung und Querschottung auf. Im vorderen und hinteren Bettdrittel beträgt die Wandstärke der Längsrippe etwa 5 mm, im Mittelbereich 2 mm. Die Querschotten haben ebenfalls Wanddicken von etwa 5 mm. Auf Grund der insgesamt geringen Wandstärke ist diese Verrippung von untergeordneter Bedeutung für das Bauteilverhalten.

Wesentlich stärker dimensioniert ist die V-förmige Längsverrippung des Modells M13. Im vorderen und hinteren Bettdrittel liegen Wandstärken von etwa 9 mm vor, in Bettmitte von etwa 4 mm.

Insgesamt zeigt die Analyse der Wandstärkenverteilung bei den optimierten Modellen eine für alle Modelle gleiche charakteristische Gestalt der Außenwandungen. Demgegenüber weisen die Innenverrippungen geringe Wandstärken auf. Für die praktische Bauteilgestaltung folgt daher, daß für die hier betrachteten Belastungen die konstruktiv einfachste unverrippte Bauteilform die günstigste ist.

Die bisher vorgestellten Beispiele zur Optimierungsrechnung gehen von gleichen Sollarbeiten in den drei Lastfällen aus. Die Abhängigkeit der erzielbaren Bauteilverbesserung von dem Verhältnis der vorgegebenen Sollarbeiten wird anhand der in Bild 3.5 dargestellten Optimierungsrechnung für das Maschinenbettmodell M10 erläutert.

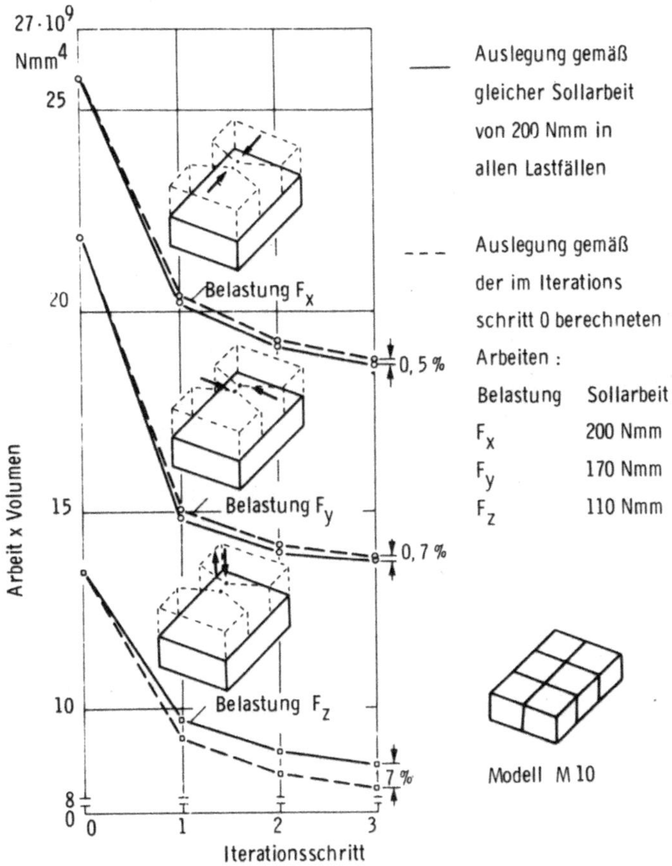

Bild 3.5: Abhängigkeit der Bauteilverbesserung von den vorgegebenen Sollarbeiten

Die vorgegebenen Sollarbeiten orientieren sich hier an den für das Bauteil im ersten Berechnungsschritt (Iterationsschritt 0) bestimmten Arbeiten der äußeren Kräfte. Der Vergleich zur Auslegung gemäß gleicher Sollarbeiten anhand des Wertes Arbeit x Volumen zeigt, daß bei einer geringen Verschlechterung im Biegelastfall F_x und im Torsionslastfall F_y eine Verbesserung um 7 % im Schublastfall F_z auftritt.

Den Ausgangssteifen des Bauteils angepaßte Sollarbeiten führen also zu einer etwas günstigeren Bauteilauslegung als willkürlich vorgegebene Sollarbeiten.

3.1.2.2 <u>Auslegung nach Einzelbelastungen</u>

Gestellbauteile einer Reihe spanender oder umformender Werkzeugmaschinen werden, entsprechend einer einzigen Arbeitsaufgabe im wesentlichen nur einem einzigen Lastzustand unterworfen. Eine entsprechende spanende Maschine ist die Tiefbohrmaschine. Beanspruchungsart und Beanspruchungsort ändern sich in einem begrenzten Rahmen so, daß eine Auslegung nach einem einzigen kritischen Lastfall erfolgen kann.

Der Vergleich von für diesen kritischen Lastfall ausgelegten Gestellbauteilen zur Auslegung für mehrere Lastfälle und zu den konventionell ausgelegten Ausgangsmodellen zeigt die in den verschiedenen Bauteilauslegungen mögliche Verbesserung.

Der Vergleich der beiden Auslegungsarten kann, z.B. als Entscheidungshilfe bei der Entwicklung von Baukastenfamilien für Gestellbauteile dienen.

In der hier vorgestellten Untersuchungsreihe erfolgt die Auslegung getrennt jeweils nach einem der drei Belastungszustände Biegung, Torsion und Schub. Der Vergleich zur Auslegung für mehrere Lastfälle ist in den Darstellungen stets berücksichtigt.

Anhand des Kennwertes Arbeit x Volumen ist in Bild 3.6 die Auslegung des Maschinenbettmodelles M10 für die Biegebelastung F_x der Auslegung für drei Lastfälle gegenübergestellt. Im Auslegungsfall F_x wird gegenüber der Auslegung für drei Lastfälle eine Verbesserung des Kennwertes um 7 % erzielt. Demgegenüber tritt bei den übrigen Belastungen eine Verschlechterung um 27 bzw. 39 % auf. Die Auslegung nach dem Biegelastfall zeigt hier gegenüber der Auslegung für drei Lastfälle nur geringe Vorteile.

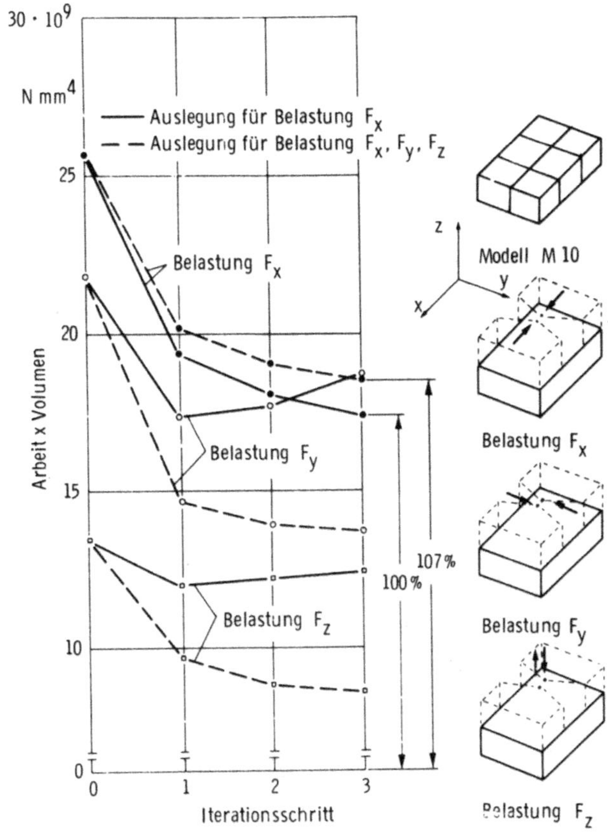

Bild 3.6: Vergleich der Auslegung für die Biegebelastung F_x zur Auslegung für drei Lastfälle

Die in Bild 3.7 dargestellte Wanddickenverteilung ist demgemäß der Auslegung für drei Lastfälle sehr ähnlich. Stark dimensionierten Seitenwänden stehen die geringen Wanddicken von Deck- und Bodenplatte gegenüber. Die Querschotten haben sehr geringe Wandstärken, während die Längsrippe eine Wanddicke von etwa 10 mm aufweist.

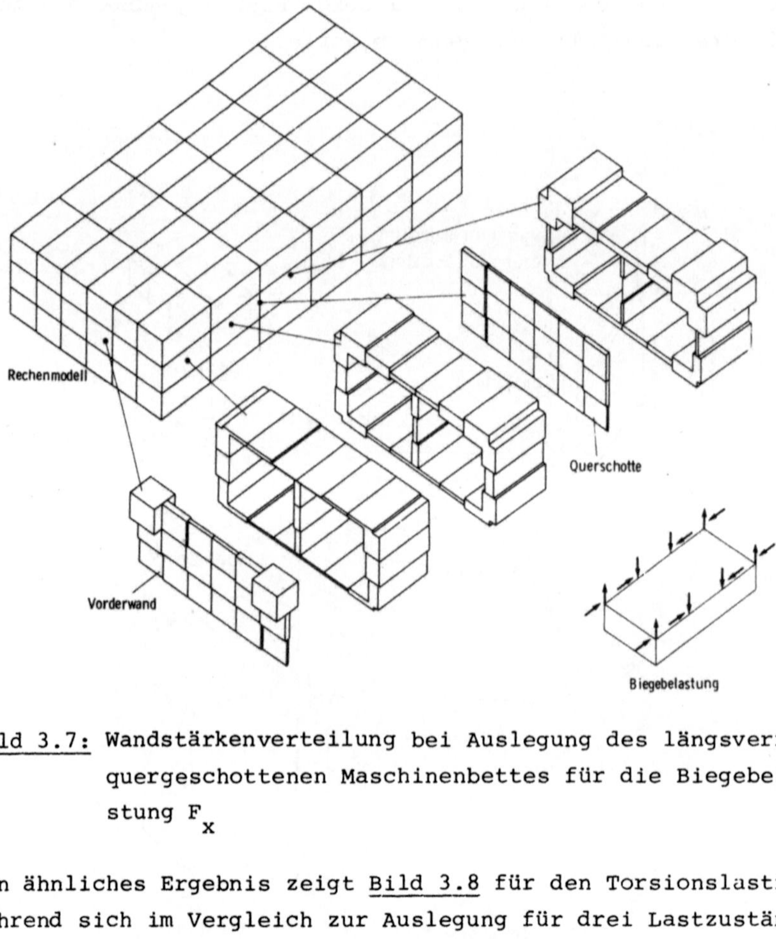

Bild 3.7: Wandstärkenverteilung bei Auslegung des längsverrippt quergeschottenen Maschinenbettes für die Biegebelastung F_x

Ein ähnliches Ergebnis zeigt Bild 3.8 für den Torsionslastfall F_y. Während sich im Vergleich zur Auslegung für drei Lastzustände bezüglich der Torsionseigenschaften Verbesserungen um ca. 22 % ergeben, entsteht bei den Lastzuständen F_x und F_z eine Qualitätsverminderung um 68 bzw. 76 %.

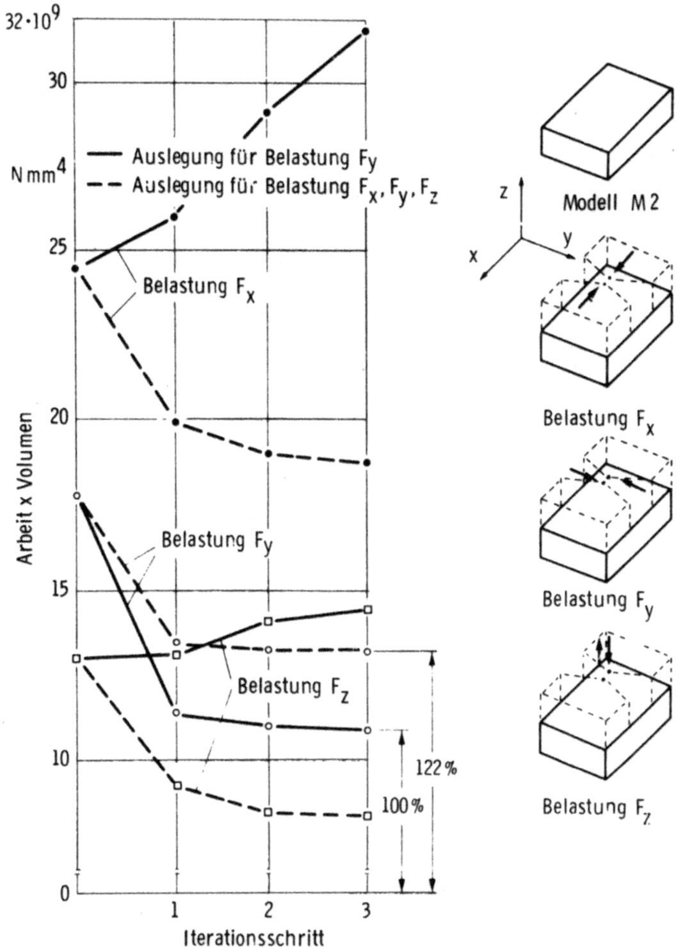

<u>Bild 3.8:</u> Vergleich der Auslegung für die Torsionsbelastung F_y zur Auslegung für die Belastungen F_x, F_y, F_z

Die Darstellung der Wandstärkenverteilung bei Auslegung nach der Torsionsbelastung F_y in <u>Bild 3.9</u> zeigt gegenüber der Auslegung gemäß der Biegebelastung F_x eine erheblich andere Bauteilstruktur. Die Bettmitte ist als massiver geschlossener Ring mit Wandstärken zwischen 60 mm auf der Bettoberfläche und 12 mm auf der Bettunterseite ausgelegt. Die Stirnplatten des Maschinenbettes sind deutlich stärker als bei der in Bild 3.7 gezeigten Auslegung auf Biegung dimensioniert.

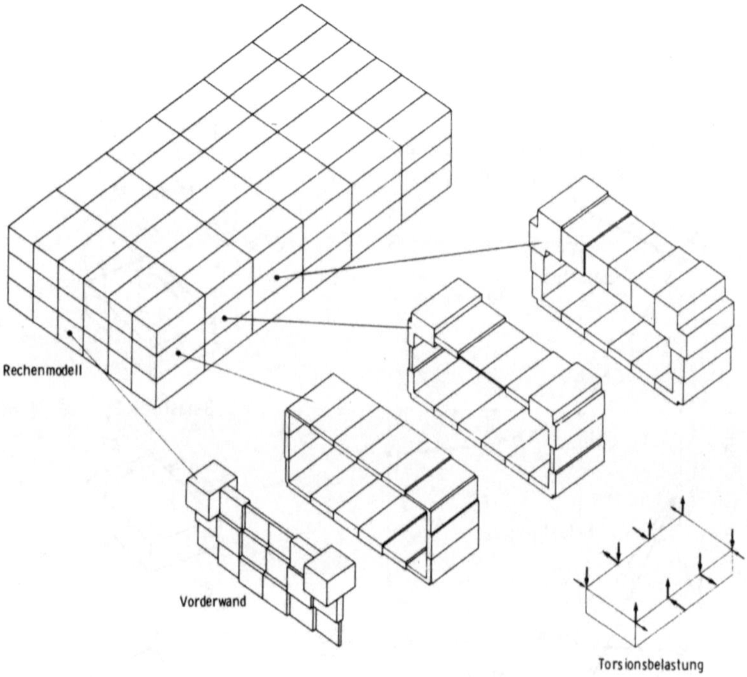

Bild 3.9: Wandstärkenverteilung bei Auslegung des unverrippten Grundmodells für die Torsionsbelastung F_y

Für den Schublastfall F_z ergibt sich eine erhebliche Verbesserung der Schubeigenschaften um ca. 53 %. Gegenüber dem Ausgangsmodell mit konstanter Wandstärke wird also bei gleicher Steife eine Massenverringerung um 60 % erzielt, während die Auslegung für die drei Lastfälle F_x, F_y. F_z nur eine Massenverminderung um 37 % erreicht. Gleichzeitig erfährt die Torsionseigenschaft jedoch eine erhebliche Verschlechterung, so daß die Torsionsnachgiebigkeit auf über den 10fachen Wert ansteigt.

In Bild 3.10 wird für den Lastfall Schub die Materialkonzentration auf die beiden Bauteilseiten erkennbar. Boden und Deckplatte sowie die Stirnplatten verschwinden nahezu, so daß als Bauteil im wesentlichen die Längswände verbleiben.

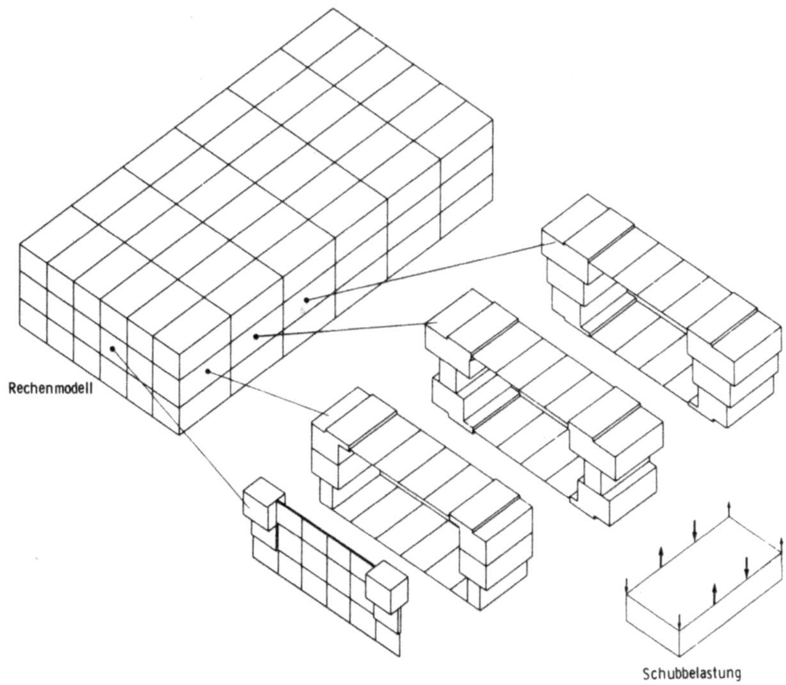

Bild 3.10: Wandstärkenverteilung bei Auslegung des unverrippten Maschinenbettes für die Schubbelastung F_z

Insgesamt ist bei der Auslegung der Maschinenbettmodelle für einen einzigen Lastzustand eine Verbesserung des Kennwertes Arbeit x Volumen und damit eine Materialersparnis zwischen 7 und 50 % gegenüber der Auslegung für mehrere Lastfälle festzustellen. Dabei treten jedoch in den nicht berücksichtigten Lastfällen erhebliche Verschlechterungen des Kennwertes auf.

3.1.3 Auswirkung auf die Bauteilgestaltung

In der Optimierungsrechnung wird die Wandstärke der zur Bauteilapproximation verwendeten ebenen Schalenelemente der jeweils vom Element aufgenommenen inneren Arbeit angepaßt. Es kommt zu einer Stufung der Wandstärken der Bauteilwände. Der rechnerisch ermittelte Optimierungserfolg steigt mit der Zahl der zur Rechenmodellapproximation verwendeten Elemente, da eine immer genauere Auslegung der örtlichen Wandstärken entsprechend der Beanspruchung möglich ist.

Die Ausbildung der Elementdicken als Ergebnis der Optimierung gibt dem Konstrukteur damit Hinweise für eine beanspruchungsgerechte Ausführung des Bauteils. Die unterschiedlichen und an den Elementgrenzen sprunghaft veränderlichen Wanddicken der Bauteilwandungen müssen jedoch vom Konstrukteur den aktuellen fertigungstechnischen Gegebenheiten angepaßt werden.

Die für Gestellbauteile üblichen Herstellverfahren der Guß- und Schweißkonstruktion erlauben eine unterschiedlich genaue Anpassung der Wanddicken an die rechnerisch ermittelten Werte. Gußkonstruktionen werden sich im allgemeinen leichter an die unterschiedlichen Wanddickenanforderungen anpassen lassen, wenn auch hier gußtechnische Grenzen zu beachten sind, die z.B. Materialanhäufungen wegen der Gefahr von Lunkerbildungen verbieten. Durch eine stetige Anpassung der Wandstärke, die anhand der Interpolation über alle rechnerisch ermittelten Wandstärken angenommen werden kann, ist es möglich, Optimierungserfolge zu erzielen, die rechnerisch nur durch ein feineres Elementraster ermittelbar ist.

Bei Schweißkonstruktionen ist die Anpassung der verwendeten Blechstärken an die rechnerisch ermittelten Werte aus Gründen des Fertigungsaufwandes in nur begrenztem Maße möglich. Für größere Bauteilbereiche muß eine einheitliche Wandstärke gewählt werden. Eine Anpassung der theoretisch unter Anwendung der Optimierungsstrategie ermittelten Wandstärken an fertigungstechnische Gegebenheiten und die Auswirkung der Anpassung auf die Bauteileigenschaften zeigt Bild 3.11. Links im Bild ist die Wandstärkenverteilung des optimierten Rechenmodells der unverrippten Maschinenbettausführung M2 dargestellt. Das Maschinenbett ist für die drei Belastungen Biegung, Torsion und Schub ausgelegt. Die rechte Bildhälfte zeigt die an eine Schweißbauweise angepaßte Struktur. Stirn-, Seiten-, Boden- und Deckplatte haben jeweils einheitliche Wandstärken von 15, 30, 12, 35 mm. Die Deckplatte besitzt im vorderen und hinteren Drittel Aussparungen, an denen im optimierten Modell geringe Wandstärken vorliegen. Die Stirnwände besitzen an den unteren Seitenwandanschlüssen ebenfalls eine Aussparung.

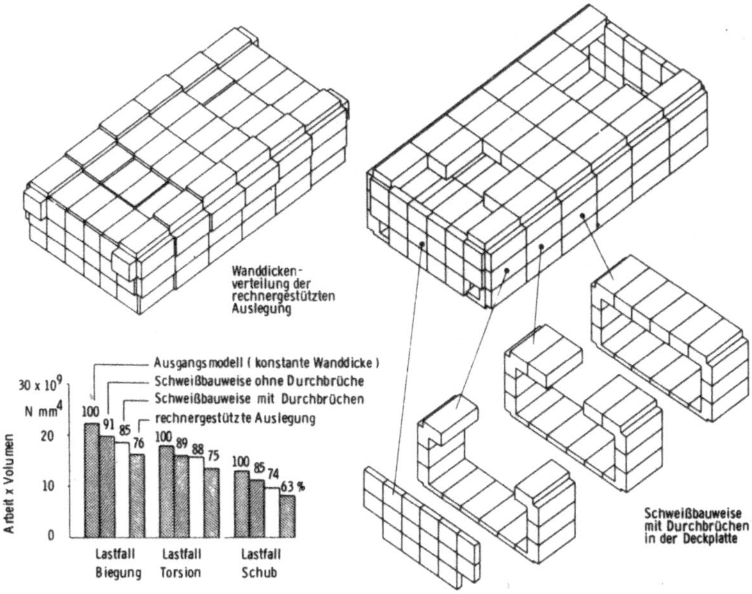

Bild 3.11: Anpassung des durch Optimierungsrechnung ausgelegten Rechenmodells des unverrippten Maschinenbettes an eine Schweißbauweise

In dem im unteren Bildteil dargestellten Balkendiagramm sind die verschiedenen Auslegungsformen des Maschinenbettes für die drei Belastungen anhand des Kriteriums Arbeit x Volumen vergleichend bewertet. Neben dem Auslegungsmodell konstanter Wanddicke und dem durch rechnergestützte Auslegung optimierten Modell wurden als fertigungstechnisch günstige Bauformen die im Bild gezeigte Ausführung als Schweißbauweise und eine ähnliche, jedoch geschlossene Bauform ohne Durchbrüche untersucht.

Im Lastfall Biegung ist unter Annahme einer konstanten Steife aller Modelle für die Schweißbauweise ohne Durchbrüche 91 % des Materialvolumens des Ausgangsmodells erforderlich. Entsprechend ergeben sich für die Schweißbauweise mit Aussparung 85 % und die rechnergestützt optimierte Auslegung nur noch 76 % dieses Materialvolumens. Die übrigen Lastfälle zeigen ähnliche Ergebnisse.

Die Anpassung der Bauteilgestaltung an die konstruktiven Anforderungen der Schweißbauweise verringert damit den Optimierungserfolg auf etwa die Hälfte. Dennoch sind bei den vorgestellten Beispielen durch die Optimierung Materialersparnisse zwischen 10 und 15 % erreichbar.

3.1.3.1 Wirtschaftlichkeit der Bauteilauslegung mit Optimierungsrechnungen

Der wirtschaftliche Erfolg der Anwendung der Optimierungsverfahren hängt von den Aufwendungen zur Durchführung der Optimierungsrechnung einerseits und der Ersparnis der Materialkosten andererseits ab. Anhand der in den vorgestellten Untersuchungsreihen erarbeiteten Ergebnisse läßt sich eine erste Abschätzung der Wirtschaftlichkeit durchführen. Naturgemäß kann damit keine allgemein gültige Wirtschaftlichkeit des Verfahrens nachgewiesen werden, da Aufwendungen und Ersparnisse stark von den individuellen Eigenschaften der jeweiligen Problemstellung abhängen.

Für das hier untersuchte Rechenmodell des unverrippten kastenförmigen Maschinenbettes ergeben sich unter der Voraussetzung, daß einem geübten Anwender entsprechende Digitalrechnerprogramme zur Verfügung stehen, etwa folgende Berechnungs- und Bearbeitungszeiten:

Vorgang	Zeit (Manntage)	Rechenzeiten (CP-sec)
1. Rechenmodellaufbereitung	4	50
2. Rechenmodellkontrolle	2	50
3. Berechnungsdurchführung	2	3 x 750
4. Auswertung	1	
5. Konstruktive Anpassung	1	
	10 Manntage	2400 sec

Für die Personal- und Rechenkosten seien hier 4800 DM angesetzt.

Bei einer Materialersparnis von ca. 25 % und einem Preis von etwa 4 DM pro Kg Guß ergibt sich bei einem Ausgangsgewicht des betrachteten Modells von ca. 900 kg und damit Kosten von ca. 3600 DM eine Ersparnis von insgesamt 900 DM je Bauteil. Bei 4800 DM Berechnungskosten ergibt sich damit eine Grenzstückzahl von 6 Bauteilen. Die Grenzstückzahl nimmt mit größer werdenden Bauteilabmessungen und erhöhter Bauteilsteifigkeit ab, da die Berechnungskosten konstant bleiben. Insgesamt ist damit für eine Vielzahl von Anwendungen ein wirtschaftlicher Einsatz des Verfahrens zu erwarten.

4. Literaturverzeichnis

/1/	Thurat, B. Heimann, A.	Benutzerhandbuch zum Programm ELAN Hrsg. Prof. Weck, Lehrstuhl für Werkzeugmaschinen, TH Aachen 1976
/2/	Levina, Z.M.	Research on the Static Stiffness of Joints in Machine Tools 8 th MTDR Conference, Manchester, 1967
/3/	Pope, G.G.	Optimum Design of Stressed Shin Struktures using a fequence of Linear Programs Method Royal Aircraft Establishment Faruborough, Hants, UK AIAA Paper 73-342
/4/	Alspaugh, D. Kunoo, K.	Optimum Configurational and Dimensional of Truss Structures Computers and Structures Vol.4 1974, S. 755 - 770
/5/	Szabo, I.	Höhere Technische Mechanik,Springer Verlag, Berlin, Göttingen, Heidelberg, 1964
/6/	Heimann, A.	Anwendung der Methode finiter Elemente bei Berechnung und Auslegung von Gestellbauteilen Dissertation TH Aachen, 1977
/7/	Weck, M. Thurat, B.	Programmbibliothek zur Berechnung von Maschinenbauteilen und -baugruppen mit Großrechnern Industrie-Anzeiger 100 (1978) Nr. 37

/8/ Weck, M.
Heimann, A.
Aufbereitung von Finite-Element-Rechenmodellen komplexer Bauteile mit Hilfe eines Digitalisierungsgerätes.
Erstellung der Netzwerke ebener Bauteile
DFG-Forschungsbericht, August 1975

/9/ Weck, M.
Heimann, A.
Konstruktionskatalog
Konstruktive Gestaltung von Maschinenbetten
Anlage zum 2. Zwischenbericht des vom Landesamt für Forschung NRW geförderten Forschungsvorhabens:
Rechnerische Analyse des statischen Verhaltens von Gestellbauteilen zur Bestimmung geeigneter Rechenmodelle und zur Erstellung eines Kataloges berechneter und bewerteter Lösungsbeispiele für Gestelle
Juni 1977

5. Katalog der Verformungsarbeiten

I = 1

J = 1

MODELL	WXX	WYY	WZZ
M 1	0.455E-02	0.205E-03	0.691E-03
M 2	0.693E-04	0.185E-03	0.672E-03
M 3	0.729E-04	0.181E-03	0.377E-03
M 4	0.610E-04	0.159E-03	0.371E-03
M 5	0.603E-04	0.165E-03	0.409E-03
M 6	0.256E-02	0.200E-03	0.675E-03
M 7	0.691E-04	0.181E-03	0.442E-03
M 8	0.175E-02	0.198E-03	0.670E-03
M 9	0.612E-04	0.178E-03	0.421E-03
M10	0.922E-03	0.168E-03	0.648E-03
M11	0.611E-04	0.156E-03	0.420E-03
M12	0.578E-04	0.155E-03	0.397E-03
M13	0.441E-04	0.109E-03	0.384E-03
M14	0.503E-04	0.120E-03	0.335E-03

J = 2

MODELL	WXX	WYY	WZZ
M 1	0.674E-02	0.264E-03	0.740E-03
M 2	0.810E-04	0.220E-03	0.704E-03
M 3	0.952E-04	0.240E-03	0.395E-03
M 4	0.705E-04	0.193E-03	0.381E-03
M 5	0.683E-04	0.195E-03	0.410E-03
M 6	0.426E-02	0.259E-03	0.725E-03
M 7	0.806E-04	0.215E-03	0.441E-03
M 8	0.301E-02	0.259E-03	0.721E-03
M 9	0.697E-04	0.214E-03	0.419E-03
M10	0.162E-02	0.212E-03	0.699E-03
M11	0.696E-04	0.185E-03	0.418E-03
M12	0.654E-04	0.185E-03	0.385E-03
M13	0.516E-04	0.134E-03	0.376E-03
M14	0.584E-04	0.148E-03	0.327E-03

J = 3

MODELL	WXX	WYY	WZZ
M 1	0.964E-02	0.379E-03	0.803E-03
M 2	0.102E-03	0.283E-03	0.733E-03
M 3	0.138E-03	0.354E-03	0.422E-03
M 4	0.868E-04	0.253E-03	0.397E-03
M 5	0.832E-04	0.252E-03	0.417E-03
M 6	0.698E-02	0.374E-03	0.789E-03
M 7	0.102E-03	0.278E-03	0.448E-03
M 8	0.507E-02	0.375E-03	0.785E-03
M 9	0.852E-04	0.279E-03	0.425E-03
M10	0.285E-02	0.297E-03	0.762E-03
M11	0.850E-04	0.237E-03	0.424E-03
M12	0.788E-04	0.241E-03	0.382E-03
M13	0.645E-04	0.181E-03	0.375E-03
M14	0.723E-04	0.197E-03	0.323E-03

J	MODELL	WXX	WYY	WZZ
J = 4	M 1	0.129E-01	0.587E-03	0.872E-03
	M 2	0.135E-03	0.387E-03	0.748E-03
	M 3	0.213E-03	0.558E-03	0.459E-03
	M 4	0.112E-03	0.352E-03	0.417E-03
	M 5	0.107E-03	0.346E-03	0.431E-03
	M 6	0.107E-01	0.580E-03	0.859E-03
	M 7	0.135E-03	0.381E-03	0.462E-03
	M 8	0.789E-02	0.582E-03	0.856E-03
	M 9	0.109E-03	0.383E-03	0.439E-03
	M10	0.467E-02	0.451E-03	0.830E-03
	M11	0.109E-03	0.324E-03	0.438E-03
	M12	0.999E-04	0.333E-03	0.388E-03
	M13	0.845E-04	0.260E-03	0.382E-03
	M14	0.933E-04	0.277E-03	0.325E-03
J = 5	M 1	0.177E-01	0.565E-03	0.571E-03
	M 2	0.144E-03	0.362E-03	0.519E-03
	M 3	0.248E-03	0.540E-03	0.325E-03
	M 4	0.121E-03	0.329E-03	0.295E-03
	M 5	0.117E-03	0.314E-03	0.304E-03
	M 6	0.161E-01	0.558E-03	0.562E-03
	M 7	0.143E-03	0.356E-03	0.329E-03
	M 8	0.117E-01	0.560E-03	0.565E-03
	M 9	0.121E-03	0.358E-03	0.312E-03
	M10	0.720E-02	0.434E-03	0.555E-03
	M11	0.120E-03	0.302E-03	0.312E-03
	M12	0.113E-03	0.315E-03	0.275E-03
	M13	0.962E-04	0.246E-03	0.273E-03
	M14	0.105E-03	0.266E-03	0.225E-03
J = 6	M 1	0.232E-01	0.548E-03	0.386E-03
	M 2	0.156E-03	0.343E-03	0.364E-03
	M 3	0.306E-03	0.524E-03	0.242E-03
	M 4	0.134E-03	0.309E-03	0.218E-03
	M 5	0.130E-03	0.287E-03	0.304E-03
	M 6	0.240E-01	0.542E-03	0.380E-03
	M 7	0.155E-03	0.338E-03	0.244E-03
	M 8	0.165E-01	0.543E-03	0.384E-03
	M 9	0.135E-03	0.340E-03	0.232E-03
	M10	0.108E-01	0.420E-03	0.380E-03
	M11	0.135E-03	0.284E-03	0.231E-03
	M12	0.130E-03	0.300E-03	0.205E-03
	M13	0.111E-03	0.236E-03	0.201E-03
	M14	0.130E-03	0.300E-03	0.205E-03
J = 7	M 1	0.288E-01	0.539E-03	0.282E-03
	M 2	0.170E-03	0.333E-03	0.271E-03
	M 3	0.399E-03	0.514E-03	0.194E-03
	M 4	0.149E-03	0.295E-03	0.175E-03
	M 5	0.144E-03	0.265E-03	0.176E-03
	M 6	0.340E-01	0.532E-03	0.277E-03
	M 7	0.169E-03	0.327E-03	0.194E-03
	M 8	0.216E-01	0.533E-03	0.280E-03
	M 9	0.151E-03	0.329E-03	0.184E-03
	M10	0.153E-01	0.410E-03	0.278E-03
	M11	0.151E-03	0.269E-03	0.184E-03
	M12	0.149E-03	0.291E-03	0.164E-03
	M13	0.130E-03	0.230E-03	0.157E-03
	M14	0.136E-03	0.251E-03	0.126E-03

I = 2

MODELL		WXX	WYY	WZZ
M 1		0.416E-02	0.169E-03	0.449E-03
M 2		0.647E-04	0.161E-03	0.445E-03
M 3		0.634E-04	0.146E-03	0.267E-03
M 4		0.569E-04	0.137E-03	0.265E-03
M 5		0.576E-04	0.141E-03	0.301E-03
M 6		0.228E-02	0.164E-03	0.438E-03
M 7		0.646E-04	0.157E-03	0.326E-03
M 8	J =1	0.159E-02	0.161E-03	0.440E-03
M 9		0.587E-04	0.152E-03	0.314E-03
M10		0.806E-03	0.142E-03	0.430E-03
M11		0.587E-04	0.137E-03	0.312E-03
M12		0.556E-04	0.136E-03	0.302E-03
M13		0.415E-04	0.941E-04	0.295E-03
M14		0.478E-04	0.106E-03	0.256E-03
M 1		0.656E-02	0.200E-03	0.471E-03
M 2		0.719E-04	0.180E-03	0.461E-03
M 3		0.786E-04	0.178E-03	0.274E-03
M 4		0.635E-04	0.156E-03	0.269E-03
M 5		0.627E-04	0.158E-03	0.296E-03
M 6		0.400E-02	0.196E-03	0.461E-03
M 7		0.717E-04	0.176E-03	0.320E-03
M 8	J = 2	0.286E-02	0.194E-03	0.463E-03
M 9		0.642E-04	0.173E-03	0.306E-03
M10		0.149E-02	0.165E-03	0.454E-03
M11		0.641E-04	0.153E-03	0.305E-03
M12		0.610E-04	0.153E-03	0.288E-03
M13		0.471E-04	0.108E-03	0.284E-03
M14		0.540E-04	0.122E-03	0.244E-03
M 1		0.957E-02	0.257E-03	0.499E-03
M 2		0.850E-04	0.212E-03	0.481E-03
M 3		0.105E-03	0.235E-03	0.285E-03
M 4		0.743E-04	0.186E-03	0.275E-03
M 5		0.723E-04	0.184E-03	0.295E-03
M 6		0.660E-02	0.252E-03	0.489E-03
M 7		0.846E-04	0.208E-03	0.318E-03
M 8	J =3	0.480E-02	0.252E-03	0.492E-03
M 9		0.745E-04	0.206E-03	0.303E-03
M10		0.260E-02	0.208E-03	0.482E-03
M11		0.744E-04	0.179E-03	0.303E-03
M12		0.704E-04	0.182E-03	0.279E-03
M13		0.563E-04	0.132E-03	0.277E-03
M14		0.639E-04	0.149E-03	0.235E-03

MODELL	J	WXX	WYY	WZZ
M 1		0.134E-01	0.368E-03	0.533E-03
M 2		0.108E-03	0.269E-03	0.502E-03
M 3		0.156E-03	0.344E-03	0.302E-03
M 4		0.928E-04	0.241E-03	0.284E-03
M 5		0.895E-04	0.233E-03	0.298E-03
M 6		0.107E-01	0.362E-03	0.524E-03
M 7	J = 4	0.107E-03	0.264E-03	0.321E-03
M 8		0.781E-02	0.363E-03	0.527E-03
M 9		0.926E-04	0.265E-03	0.306E-03
M10		0.450E-02	0.289E-03	0.517E-03
M11		0.925E-04	0.226E-03	0.305E-03
M12		0.870E-04	0.233E-03	0.274E-03
M13		0.720E-04	0.175E-03	0.273E-03
M14		0.802E-04	0.195E-03	0.228E-03
M 1		0.180E-01	0.358E-03	0.366E-03
M 2		0.116E-03	0.259E-03	0.352E-03
M 3		0.187E-03	0.336E-03	0.227E-03
M 4		0.101E-03	0.230E-03	0.212E-03
M 5		0.975E-04	0.217E-03	0.222E-03
M 6		0.161E-01	0.353E-03	0.360E-03
M 7	J = 5	0.115E-03	0.254E-03	0.240E-03
M 8		0.116E-01	0.354E-03	0.363E-03
M 9		0.102E-03	0.255E-03	0.229E-03
M10		0.701E-02	0.282E-03	0.359E-03
M11		0.102E-03	0.216E-03	0.228E-03
M12		0.978E-04	0.226E-03	0.206E-03
M13		0.818E-04	0.171E-03	0.204E-03
M14		0.903E-04	0.194E-03	0.167E-03
M 1		0.228E-01	0.353E-03	0.270E-03
M 2		0.126E-03	0.253E-03	0.263E-03
M 3		0.236E-03	0.331E-03	0.184E-03
M 4		0.111E-03	0.223E-03	0.171E-03
M 5		0.107E-03	0.204E-03	0.176E-03
M 6		0.233E-01	0.347E-03	0.266E-03
M 7	J = 6	0.125E-03	0.248E-03	0.193E-03
M 8		0.159E-01	0.348E-03	0.268E-03
M 9		0.113E-03	0.249E-03	0.183E-03
M10		0.103E-01	0.277E-03	0.267E-03
M11		0.113E-03	0.209E-03	0.183E-03
M12		0.110E-03	0.223E-03	0.166E-03
M13		0.938E-04	0.170E-03	0.162E-03
M14		0.102E-03	0.193E-03	0.131E-03
M 1		0.283E-01	0.351E-03	0.211E-03
M 2		0.139E-03	0.251E-03	0.207E-03
M 3		0.326E-03	0.328E-03	0.157E-03
M 4		0.124E-03	0.218E-03	0.145E-03
M 5		0.119E-03	0.193E-03	0.146E-03
M 6		0.336E-01	0.345E-03	0.208E-03
M 7	J = 7	0.138E-03	0.246E-03	0.162E-03
M 8		0.210E-01	0.345E-03	0.209E-03
M 9		0.127E-03	0.246E-03	0.153E-03
M10		0.149E-01	0.274E-03	0.208E-03
M11		0.127E-03	0.203E-03	0.153E-03
M12		0.127E-03	0.221E-03	0.141E-03
M13		0.110E-03	0.172E-03	0.132E-03
M14		0.117E-03	0.193E-03	0.107E-03

I = 3

MODELL	WXX	WYY	WZZ
J = 1			
M 1	0.371E-02	0.152E-03	0.312E-03
M 2	0.638E-04	0.150E-03	0.311E-03
M 3	0.588E-04	0.128E-03	0.201E-03
M 4	0.551E-04	0.125E-03	0.200E-03
M 5	0.570E-04	0.128E-03	0.231E-03
M 6	0.207E-02	0.146E-03	0.304E-03
M 7	0.636E-04	0.143E-03	0.250E-03
M 8	0.148E-02	0.141E-03	0.306E-03
M 9	0.587E-04	0.138E-03	0.242E-03
M10	0.726E-03	0.129E-03	0.301E-03
M11	0.586E-04	0.128E-03	0.242E-03
M12	0.551E-04	0.127E-03	0.238E-03
M13	0.406E-04	0.861E-04	0.234E-03
M14	0.468E-04	0.990E-04	0.204E-03
J = 2			
M 1	0.593E-02	0.166E-03	0.320E-03
M 2	0.670E-04	0.159E-03	0.317E-03
M 3	0.684E-04	0.144E-03	0.204E-03
M 4	0.590E-04	0.135E-03	0.202E-03
M 5	0.595E-04	0.137E-03	0.226E-03
M 6	0.359E-02	0.162E-03	0.313E-03
M 7	0.668E-04	0.154E-03	0.245E-03
M 8	0.262E-02	0.158E-03	0.315E-03
M 9	0.611E-04	0.149E-03	0.236E-03
M10	0.132E-02	0.141E-03	0.311E-03
M11	0.610E-04	0.135E-03	0.235E-03
M12	0.582E-04	0.136E-03	0.227E-03
M13	0.440E-04	0.942E-04	0.226E-03
M14	0.511E-04	0.109E-03	0.193E-03
J = 3			
M 1	0.916E-02	0.197E-03	0.332E-03
M 2	0.755E-04	0.176E-03	0.326E-03
M 3	0.878E-04	0.176E-03	0.208E-03
M 4	0.668E-04	0.153E-03	0.204E-03
M 5	0.660E-04	0.151E-03	0.223E-03
M 6	0.621E-02	0.193E-03	0.325E-03
M 7	0.753E-04	0.172E-03	0.241E-03
M 8	0.459E-02	0.190E-03	0.328E-03
M 9	0.682E-04	0.169E-03	0.231E-03
M10	0.242E-02	0.164E-03	0.324E-03
M11	0.681E-04	0.150E-03	0.230E-03
M12	0.653E-04	0.153E-03	0.217E-03
M13	0.511E-04	0.108E-03	0.217E-03
M14	0.588E-04	0.126E-03	0.183E-03

MODELL	J	WXX	WYY	WZZ
M 1		0.131E-01	0.252E-03	0.347E-03
M 2		0.903E-04	0.206E-03	0.338E-03
M 3		0.122E-03	0.231E-03	0.216E-03
M 4		0.794E-04	0.181E-03	0.208E-03
M 5		0.773E-04	0.175E-03	0.221E-03
M 6		0.101E-01	0.247E-03	0.341E-03
M 7		0.899E-04	0.202E-03	0.239E-03
M 8	J = 4	0.744E-02	0.247E-03	0.344E-03
M 9		0.805E-04	0.201E-03	0.228E-03
M10		0.417E-02	0.204E-03	0.340E-03
M11		0.805E-04	0.174E-03	0.228E-03
M12		0.772E-04	0.180E-03	0.210E-03
M13		0.625E-04	0.131E-03	0.210E-03
M14		0.707E-04	0.152E-03	0.174E-03
M 1		0.170E-01	0.249E-03	0.260E-03
M 2		0.968E-04	0.203E-03	0.254E-03
M 3		0.147E-03	0.228E-03	0.175E-03
M 4		0.857E-04	0.177E-03	0.168E-03
M 5		0.833E-04	0.167E-03	0.176E-03
M 6		0.148E-01	0.244E-03	0.255E-03
M 7		0.964E-04	0.199E-03	0.192E-03
M 8	J = 5	0.107E-01	0.243E-03	0.257E-03
M 9		0.877E-04	0.197E-03	0.183E-03
M10		0.637E-02	0.202E-03	0.256E-03
M11		0.876E-04	0.171E-03	0.183E-03
M12		0.854E-04	0.179E-03	0.169E-03
M13		0.703E-04	0.132E-03	0.168E-03
M14		0.787E-04	0.155E-03	0.137E-03
M 1		0.215E-01	0.247E-03	0.205E-03
M 2		0.106E-03	0.202E-03	0.202E-03
M 3		0.194E-03	0.227E-03	0.150E-03
M 4		0.944E-04	0.175E-03	0.143E-03
M 5		0.913E-04	0.160E-03	0.146E-03
M 6		0.218E-01	0.243E-03	0.201E-03
M 7		0.105E-03	0.197E-03	0.162E-03
M 8	J = 6	0.149E-01	0.242E-03	0.202E-03
M 9		0.970E-04	0.196E-03	0.154E-03
M10		0.963E-02	0.200E-03	0.201E-03
M11		0.970E-04	0.168E-03	0.154E-03
M12		0.962E-04	0.179E-03	0.143E-03
M13		0.809E-04	0.135E-03	0.138E-03
M14		0.891E-04	0.158E-03	0.112E-03
M 1		0.264E-01	0.248E-03	0.175E-03
M 2		0.117E-03	0.203E-03	0.173E-03
M 3		0.274E-03	0.227E-03	0.136E-03
M 4		0.105E-03	0.174E-03	0.128E-03
M 5		0.101E-03	0.155E-03	0.128E-03
M 6		0.308E-01	0.243E-03	0.171E-03
M 7		0.116E-03	0.198E-03	0.144E-03
M 8	J = 7	0.196E-01	0.242E-03	0.171E-03
M 9		0.108E-03	0.196E-03	0.137E-03
M10		0.137E-01	0.200E-03	0.170E-03
M11		0.108E-03	0.166E-03	0.137E-03
M12		0.109E-03	0.180E-03	0.129E-03
M13		0.940E-04	0.140E-03	0.119E-03
M14		0.101E-03	0.161E-03	0.977E-04

I = 4

MODELL		WXX	WYY	WZZ
M 1		0.313E-02	0.142E-03	0.236E-03
M 2		0.651E-04	0.142E-03	0.236E-03
M 3		0.564E-04	0.117E-03	0.163E-03
M 4		0.544E-04	0.116E-03	0.163E-03
M 5		0.575E-04	0.118E-03	0.187E-03
M 6		0.182E-02	0.133E-03	0.230E-03
M 7	J = 1	0.648E-04	0.132E-03	0.203E-03
M 8		0.132E-02	0.130E-03	0.231E-03
M 9		0.603E-04	0.129E-03	0.198E-03
M10		0.636E-03	0.122E-03	0.229E-03
M11		0.602E-04	0.121E-03	0.197E-03
M12		0.560E-04	0.120E-03	0.196E-03
M13		0.407E-04	0.801E-04	0.194E-03
M14		0.466E-04	0.943E-04	0.172E-03
M 1		0.511E-02	0.150E-03	0.239E-03
M 2		0.654E-04	0.148E-03	0.238E-03
M 3		0.629E-04	0.127E-03	0.164E-03
M 4		0.569E-04	0.123E-03	0.164E-03
M 5		0.583E-04	0.125E-03	0.184E-03
M 6		0.317E-02	0.144E-03	0.233E-03
M 7		0.652E-04	0.141E-03	0.199E-03
M 8	J = 2	0.236E-02	0.139E-03	0.235E-03
M 9		0.602E-04	0.136E-03	0.193E-03
M10		0.116E-02	0.128E-03	0.233E-03
M11		0.602E-04	0.127E-03	0.193E-03
M12		0.572E-04	0.127E-03	0.189E-03
M13		0.426E-04	0.867E-04	0.189E-03
M14		0.497E-04	0.103E-03	0.163E-03
M 1		0.800E-02	0.165E-03	0.244E-03
M 2		0.698E-04	0.157E-03	0.242E-03
M 3		0.760E-04	0.143E-03	0.167E-03
M 4		0.617E-04	0.134E-03	0.165E-03
M 5		0.619E-04	0.133E-03	0.180E-03
M 6		0.540E-02	0.160E-03	0.238E-03
M 7		0.696E-04	0.152E-03	0.196E-03
M 8	J = 3	0.408E-02	0.156E-03	0.240E-03
M 9		0.639E-04	0.147E-03	0.189E-03
M10		0.210E-02	0.140E-03	0.238E-03
M11		0.639E-04	0.134E-03	0.188E-03
M12		0.616E-04	0.137E-03	0.182E-03
M13		0.473E-04	0.954E-04	0.182E-03
M14		0.550E-04	0.114E-03	0.154E-03

MODELL		WXX	WYY	WZZ
M 1		0.121E-01	0.195E-03	0.251E-03
M 2		0.799E-04	0.174E-03	0.247E-03
M 3		0.102E-03	0.175E-03	0.170E-03
M 4		0.710E-04	0.151E-03	0.166E-03
M 5		0.699E-04	0.146E-03	0.178E-03
M 6		0.222E-02	0.191E-03	0.246E-03
M 7		0.797E-04	0.170E-03	0.193E-03
M 8	J = 4	0.691E-02	0.188E-03	0.248E-03
M 9		0.729E-04	0.167E-03	0.185E-03
M10		0.379E-02	0.163E-03	0.246E-03
M11		0.728E-04	0.148E-03	0.185E-03
M12		0.707E-04	0.153E-03	0.175E-03
M13		0.563E-04	0.110E-03	0.175E-03
M14		0.645E-04	0.131E-03	0.144E-03
M 1		0.157E-01	0.194E-03	0.199E-03
M 2		0.860E-04	0.174E-03	0.197E-03
M 3		0.127E-03	0.174E-03	0.146E-03
M 4		0.768E-04	0.150E-03	0.142E-03
M 5		0.751E-04	0.142E-03	0.148E-03
M 6		0.137E-01	0.190E-03	0.195E-03
M 7		0.858E-04	0.169E-03	0.162E-03
M 8	J = 5	0.101E-01	0.187E-03	0.196E-03
M 9		0.791E-04	0.166E-03	0.155E-03
M10		0.596E-02	0.162E-03	0.195E-03
M11		0.791E-04	0.147E-03	0.155E-03
M12		0.780E-04	0.155E-03	0.147E-03
M13		0.634E-04	0.113E-03	0.145E-03
M14		0.720E-04	0.136E-03	0.118E-03
M 1		0.197E-01	0.194E-03	0.171E-03
M 2		0.935E-04	0.174E-03	0.170E-03
M 3		0.170E-03	0.174E-03	0.132E-03
M 4		0.840E-04	0.149E-03	0.127E-03
M 5		0.817E-04	0.139E-03	0.129E-03
M 6		0.198E-01	0.190E-03	0.166E-03
M 7		0.932E-04	0.170E-03	0.144E-03
M 8	J = 6	0.139E-01	0.187E-03	0.166E-03
M 9		0.867E-04	0.167E-03	0.137E-03
M10		0.890E-02	0.162E-03	0.166E-03
M11		0.867E-04	0.147E-03	0.137E-03
M12		0.867E-04	0.157E-03	0.131E-03
M13		0.724E-04	0.118E-03	0.125E-03
M14		0.807E-04	0.141E-03	0.102E-03
M 1		0.245E-01	0.195E-03	0.155E-03
M 2		0.103E-03	0.175E-03	0.154E-03
M 3		0.248E-03	0.175E-03	0.123E-03
M 4		0.932E-04	0.149E-03	0.117E-03
M 5		0.901E-04	0.136E-03	0.116E-03
M 6		0.279E-01	0.190E-03	0.149E-03
M 7		0.103E-03	0.170E-03	0.132E-03
M 8	J = 7	0.184E-01	0.187E-03	0.148E-03
M 9		0.963E-04	0.167E-03	0.127E-03
M10		0.129E-01	0.162E-03	0.148E-03
M11		0.963E-04	0.146E-03	0.127E-03
M12		0.975E-04	0.158E-03	0.121E-03
M13		0.840E-04	0.124E-03	0.111E-03
M14		0.913E-04	0.144E-03	0.922E-04

6. Anhang

In diesem Anhang soll zum einen die Möglichkeit der Auswahl eines Maschinenbettes nach vorgegebenen Kriterien mit Hilfe eines Fortran-Programms an einem Beispiel erläutert werden. Zum anderen soll in einem weiteren Kapitel die Möglichkeit der Berechnung von Verformungen einer Maschine infolge der Nachgiebigkeit des Maschinenbettes aufgezeigt werden.

Als Beispiel dient eine Fräßmaschine, die im Bild 1 dargestellt ist.

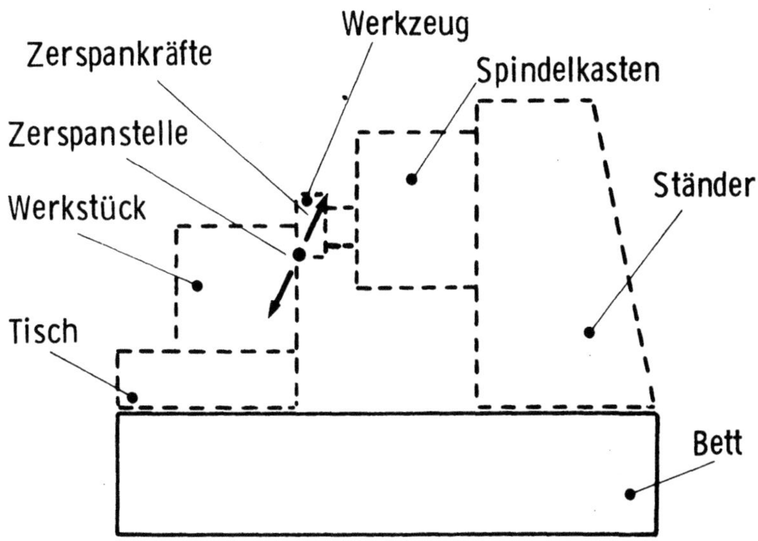

Bild 1: Analyse der Problemstellung

Die Maschine besteht aus den Gestellbauteilen Bett, Ständer, Spindelkasten und Tisch. Die an der Schnittstelle entstehenden Zerspankräfte werden über das Werkstück bzw. Werkzeug in die Gestellbauteile eingeleitet. Es entsteht dabei ein geschlossener Kraftfluß, der alle Gestellbauteile der Maschine erfaßt. Bei der Auswahl einer optimalen Verrippung im Kapitel 5.1 bzw. bei der Berechnung der Verformungen an der Kraftangriffsstelle in Kapitel 5.2 wird angenommen, daß sich die Teile außer dem Maschinenbett und die Fügezonen zwischen den einzelnen Gestellbauteilen starr verhalten, da hier nur die Bettverformungen betrachtet werden sollen.

In dem folgenden Bild 2 sind das Maschinenbett sowie die zur Rechnung notwendigen Angaben dargestellt.

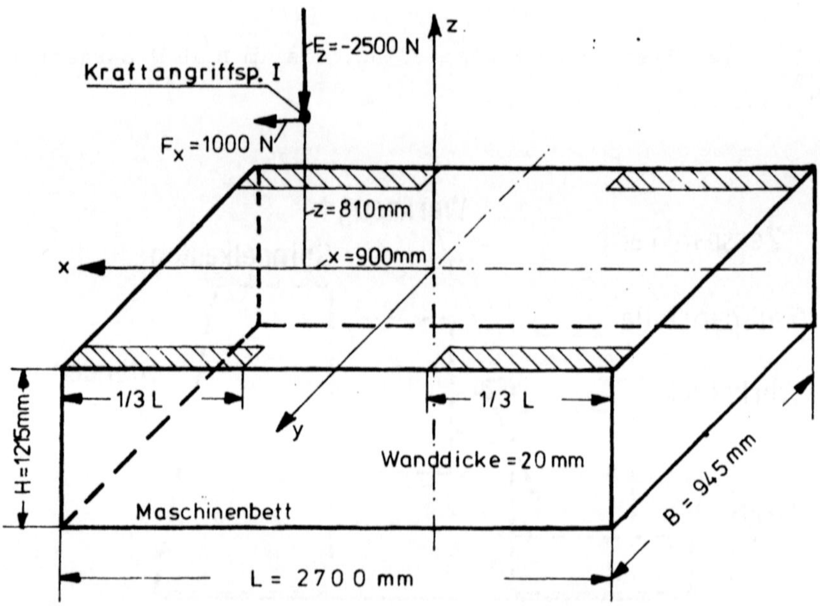

Bild 2: Betrachtetes Modell

Die Abmessungen des Maschinenbettes liegen mit der Angabe von Länge, Höhe, Breite und seiner Wandstärke fest. Das eingezeichnete x, y, z-Koordinatensystem liegt mittig in der oberen Fläche des Maschinenbettes. Der Ort der Zerspannstelle, also die Kraftangriffsstelle, ist der Punkt I und seine Lage wird im angegebenen Koordinatensystem beschrieben. Die Zerspankräfte werden ebenso über das Koordinatensystem beschrieben. In diesem Fall treten die Komponenten F_x und F_z auf. Die schraffiert dargestellten Flächen stellen die Fügezonen dar, die hier zum einen zwischen Tisch und Bett und zum anderen zwischen Ständer und Bett auftreten. Die für die weiteren Betrachtungen benutzten Katalogwerte gelten für Krafteinleitungszonen, die jeweils 1/3 der Länge des Maschinenbettes betragen.

Die im Katalog enthaltenen Verrippungsvarianten sind im Bild 3 festgehalten.

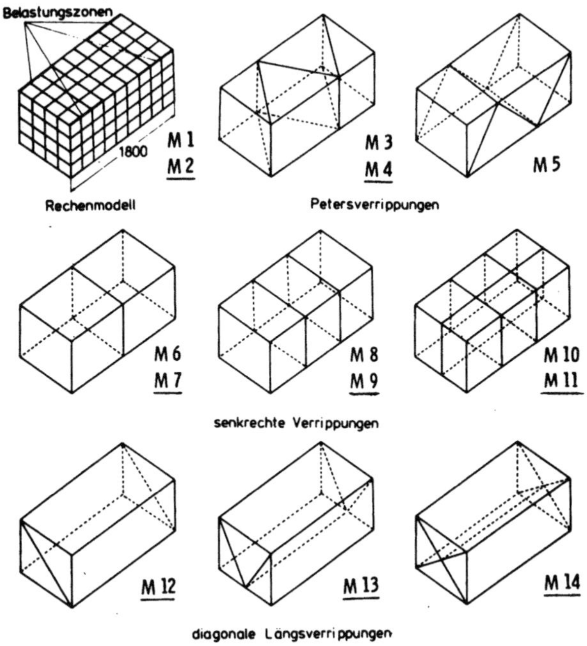

M i : Modell i ohne Bodenplatte
M i : Modell i mit Bodenplatte

Bild 3: Verrippungsvarianten

In der ersten Zeile des Bildes 3 tritt neben dem unverrippten Kasten, der als Rechenmodell bezeichnet ist, noch die Petersverrippung auf. In der zweiten Zeile sind die längs- und quergeschotteten Betten aufgeführt, die dort als senkrechte Verrippungen bezeichnet werden. Die letzte Zeile führt die mit diagonalen Längsverrippungen versehenen Maschinenbetten auf.

Neben verschiedenen Verrippungsformen weist der Katalog auch unterschiedliche Geometrieformen, die im Bild 4 dargestellt sind, auf. Das Diagramm zeigt auf der Absizze das Verhältnis Höhe zu Länge und auf der Ordinaten Breite zu Länge. Die berücksichtigten Geometrieformen liegen innerhalb des stark umrandeten Gebietes. Die Schnittpunkte der Ordinaten und Abszissen, die durch einen schwarzen Punkt gekennzeichnet sind, stellen die Geometrieformen dar, die im Katalog enthalten sind.

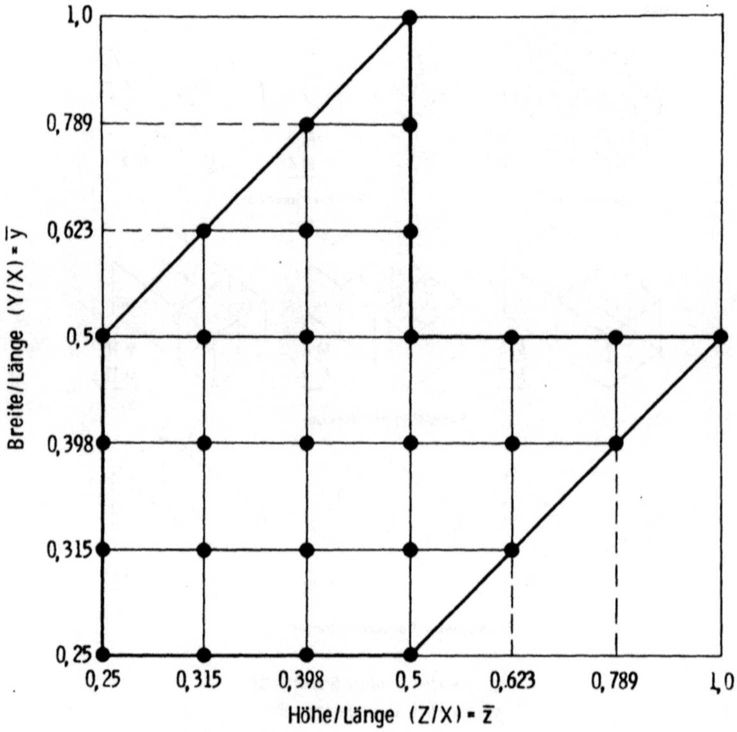

Bild 4: Geometrieformen

6.1. Beschreibung des Programms zur Auswahl einer optimalen Verrippung an Hand eines Beispiels

Das Programm sucht aus den im Katalog enthaltenen Verrippungs- und Geometrievarianten diejenige heraus, die unter Einhaltung vorgegebener Restriktionen das geringste Gewicht aufweist. Die Restriktionen bestehen darin, daß bei vorgegebener Belastung vorgeschriebene Verformungen nicht überschritten werden dürfen.

Dazu liest das Programm alle Katalogdaten von einem Externspeicher in den Kernspeicher. Mit der vorgegebenen Geometrie des vorliegenden Maschinenbettes werden die notwendigen Daten aus dem Katalog durch Interpolation gewonnen. Sollte die vorliegende Geometrieform nicht im Katalog enthalten sein, so wird die Meldung "Vorgegebene Geometrieform liegt außerhalb des Katalogbereiches" vom Programm ausgedruckt. Danach tritt ein Abbruch des Programmablaufes auf. Mit diesen Daten, es sind Arbeiten der 14 verschiedenen Verrippungsmodelle unter Einheitsbelastung und die Volumina der 14 Modelle, werden unter zu Hilfenahme der Belastung und der Lage des Punktes I (s. Bild 2) die Verformungen für jede Verrippungsvariante errechnet. Dabei wird gleichzeitig der E-Modul und der Maßstabsfaktor, das ist das Verhältnis der Länge des vorliegenden Maschinenbettes zur Länge des Bettes im Katalog, berücksichtigt. Mit Hilfe der linearen Beziehung zwischen Wanddicke und Steifigkeit des Bettes wird eine Änderung der Wanddicke so vorgenommen, so daß die Restriktionen erfüllt werden. Die Auswahl und Abstufung der einzelnen Modelle geschieht nach der Maßgabe, daß das Modell mit dem geringsten Gewicht als das beste und das mit größtem Gewicht als das schlechteste angesehen wird. Dazwischen wird eine lineare Abstufung vorgenommen.

6.1.1. Eingabe für das Programm AUSWAL

Das Programm AUSWAL benötigt zwei verschiedene Arten von Eingabedaten. Zum einen sind dies die Katalogdaten. Diese Daten müssen auf einem Externspeicher im Format 3 (E10.3, 1X) abgelegt sein. Zum anderen sind dies die Daten,die die aktuelle Aufgabenstellung näher spezifizieren. Dazu dient das im Bild 5 dargestellte Formular.

In diesem Formular sind in der ersten Zeile die Formate aufgeführt. Darunter sind die entsprechenden Spaltennummern dargestellt.

Als erstes sind die Koordinaten des Punktes I in das Formular einzutragen. Als Orientierung dient dazu das Bild 2. Für das hier

Format	E 10.3	E 10.3	E 10.3
Spaltennum.	1 2 3 4 5 6 7 8 9 10	11 12 13 14 15 16 17 18 19 20	21 22 23 24 25 26 27 28 29 30
[1] Koordinaten	x	y	z
	900.	0.	810.
[1] Kräfte	F_x	F_y	F_z
	1000.	0.	2500.
[1] Momente	M_x	M_y	M_z
	0.	0.	0.
[1] Verformung.	U_x	U_y	U_z
	0.005	0.	0.01
[2] Abmessung.	Länge	Breite	Höhe
	2700.	945.	1215.
[2] E-Modul			

1 bezogen auf den Punkt I
2 des Maschinenbettes

Dimensionen der Eingabedaten: N, mm

Bild 5: Formular der Eingabedaten

angesprochene Beispiel ergibt sich: x = 900 mm; y = 0; z = 810 mm. Für die Kräfte und Momente erhält man F_x = 1000 N; F_y = 0; F_z = 2500 N; $M_x = M_y = M_z = 0$. Als zulässige Verformungen werden zugelassen: U_x = 0,005 mm; U_y = 0; U_z = 0,01 mm. Die Abmessungen des Bettes sind: Länge 2700 mm; Breite = 945 mm; Höhe = 1215 mm. Der E-Modul wird mit 210 000 N/mm^2 angenommen.

Als Echoprint druckt des Programm diese Eingabedaten aus, wie im folgenden Bild 6 dargestellt ist.

```
KRAFTANGRIFFSPUNKTKOORD.
             X= 0.900E 03          Y= 0.000E 00        Z= 0.810E 03
KRAEFTE
            FX= 0.100E 04         FY= 0.000E 00       FZ=-0.250E 04
MOMENTE
            MX= 0.000E 00         MY= 0.000E 00       MZ= 0.000E 00
VERSCHIEBUNGEN
            UX= 0.500E-02         UY= 0.000E 00       UZ= 0.100E-01
GEOMETRIE
        LAENGE= 0.270E 04     BREITE= 0.945E 03    HOEHE= 0.122E 04
E-MODUL
             E= 0.210E 06
```

Bild 6: Echoprint der Eingabedaten

6.1.2. Ausgabe der Ergebnisse

Die Ausgabe der Ergebnisse besteht aus einer Tabelle mit vier Spalten. In der ersten Spalte stehen die Modellnummern, wie sie auch im Bild 3 verwendet werden. Die zweite Spalte führt die notwendigen Wandstärken der einzelnen Modelle auf. In der dritten Spalte sind die Prozentzahlen der Volumina der einzelnen Modelle aufgeführt. Es wird dabei das Volumen des Modells mit dem geringsten Volumen zu 100 % gesetzt und alle anderen Volumina auf dieses bezogen. In der vierten Spalte sind die Prozentzahlen als Balkendiagramm nochmals dargestellt.

Bild 7 sagt aus, daß das Modell M 13 die beste Lösung darstellt, da es das geringste Volumen bei Einhaltung der Restriktionen in Form von vorgegebenen zulässigen Verformungen aufweist. Beachtet man aber, daß bei der Finit-Element-Rechnung ein maximaler Fehler von 10 % bezüglich der errechneten Verformungen und damit den im Katalog enthaltenen Arbeiten auftrat, so sind die Modelle M1 und M2 dem Modell M13 für das hier gewählte Beispiel als gleichwertig anzusehen.

MODELL	DICKE	PROZENT	ERFORDERLICHE VOLUMINA DER MODELLE
M13	16.4	100	* 100 PROZENT= 0.333E 09 (MM)**3
M 1	31.4	103	****
M 2	26.5	107	*********
M 6	33.8	111	**************
M 7	26.0	113	****************
M12	22.8	119	************************
M 9	25.7	120	************************
M14	18.7	120	*************************
M 5	23.0	121	*************************
M 8	30.6	121	*************************
M 4	23.2	125	*******************************
M10	25.6	125	*******************************
M11	22.5	126	********************************
M 3	28.5	132	**

<u>Bild 7:</u> Die nach dem Volumen (Gewicht) bewerteten Modelle, bei Vorgabe von Verformungen als Restriktionen

Modell M13 stellt einen geschlossenen Kasten mit V-Verrippung dar. Modell M1 und M2 sind unverrippte Kästen ohne und mit Bodenplatte. Das offene Modell M1 ist hier geringfügig besser als das geschlossene Modell M2. Der Grund liegt in der hier vorliegenden Biegebelastung. Welches dieser ersten drei Modelle nun für den hier angesprochenen Fall als das beste anzusehen ist, muß mit Hilfe weiterer Entscheidungskriterien, wie Anforderungen an die Geometrieform oder Herstellungskosten, entschieden werden.

6.2 Die Berechnung der Verformungen von Hand

Neben der Möglichkeit mit Hilfe des Programms AUSWAL eine optimale Verrippung auszuwählen, besteht für den Fall, daß kein Rechner zur Verfügung steht, noch die Möglichkeit, Verformungen für den Punkt I der Maschine (s. Bild 2) infolge der Nachgiebigkeit des Maschinenbettes von Hand zu berechnen.

Der Ablauf zur Berechnung der Verformungen und die einzelnen notwendigen Berechnungsschritte ergeben sich aus dem anhängenden Schema. Das Schema weist vier Spalten auf. In der ersten steht die Nummer des Arbeitsschrittes. Die zweite Spalte gibt eine Erläuterung des Arbeitsschrittes. Die dritte Spalte führt die entsprechende Formel oder Abkürzung auf. In der vierten Spalte sind Ergebnisgrößen eines jeden Arbeitsschrittes aufgeführt, denen für das hier aufgeführte Beispiel ein Wert zugewiesen wird.

Zu Arbeitsschritt 1:

Aus den verschiedenen im Bild 3 dargestellten Verrippungsvarianten wird ein sinnvoll erscheindendes Modell ausgesucht. In diesem Fall wurde Modell M9 gewählt.

Zu Arbeitsschritt 2:

Länge, Breite und Höhe des Maschinenbettes werden aus der technischen Zeichnung bzw. Modellskizze (s. Bild 2) entnommen.
L = 2700 mm; B = 940 mm; H = 1215 mm.

Zu Arbeitsschritt 3:

Die Lage des Kraftangriffspunktes wird entsprechend dem im Bild 2 dargestellten Koordinatensystems, das mittig in der oberen Fläche des Maschinenbettes liegt, ausgerechnet. X = 900 mm; Y = 0;
Z = 810 mm.

Zu Arbeitsschritt 4:

Die im Kraftangriffspunkt angreifenden Kräfte und Momente sind nach Betrag und Größe zu ermitteln. Betrachtet werden immer die auf den linken Teil des Bettes wirkenden Kräfte.Damit ergibt sich im Beispiel: $F_x = 1000$ N und $F_z = -2500$ N. Alle anderen Kräfte und Momente sind Null.

Zu Arbeitsschritt 5:

Um die Rechnung größenunabhängig durchführen zu können, wird die Breite und Höhe auf die Länge des Bettes bezogen. $\bar{y} = 945$ mm/ 2700 mm = 0,35; $\bar{z} = 1215$ mm/2700 mm = 0,45.

Zu Arbeitsschritt 6:

Die aktuelle Bettlänge L wird auf die Bezugslänge L_o bezogen. Daraus ergibt sich der Meßstabsfaktor f = 2700 mm/1800 mm = 1,5.

Zu Arbeitsschritt 7:

Aus den Werten $\bar{y}$ und $\bar{z}$ werden nach der angegebenen Berechnungsvorschrift α- und ß-Werte errechnet. Es ergibt sich $\bar{z}_o = 0,8$ und $\bar{y}_o = 0,4$. Da $\bar{z}$ größter ist als $\bar{y}$ wird mit Formeln nach Fall b) weitergerechnet und es ergibt sich: $\bar{\bar{z}} = 0,685$; $\bar{\bar{y}} = 0,4$. Mit diesen Werten kann nun α und ß bestimmt werden. $\alpha = -0,141$; $\beta = -0,202$.

Zu Arbeitsschritt 8:

Entsprechend den angegebenen Ungleichungen müssen nun die gefundenen α- und ß-Werte in die Tabelle eingeordnet werden. Damit liegen die Intervallgrenzen α_i und β_i fest.

$$\alpha_1 = -0,240 \leq \alpha \leq \alpha_2 = 0,092$$
$$\beta_1 = -0,418 \leq \beta \leq \beta_2 = -0,184$$

Es ergeben sich nach der Tabelle die zugeorndeten Indizes $I_1 = 2$; $I_2 = 3$; $J_1 = 2$; $J_2 = 3$.

(Für den Fall, daß Geometrieformen außerhalb des stark umrandeten Feldes in Bild 4 gewählt wurde, liegen die α- oder ß-Werte außerhalb des Tabellenbereiches.)

Zu Arbeitsschritt 9:

Mit den nun bekannten α_i- und β_i-Werten können die Interpolationsgrößen ξ und η errechnet werden. $\xi = 0{,}298$; $\eta = 0{,}923$

Zu Arbeitsschritt 10:

Mit den im Arbeitsschritt 8 errechneten Indizes I und J können aus dem Katalog (Kapitel 6) die Arbeiten w_{ii} entnommen werden. Mit diesen Werten und Größen ξ und η aus Schritt 9 können die interpolierten Arbeiten W_{ii} berechnet werden. $\overline{W}_{xx} = 7{,}190 \cdot 10^{-5}$; $\overline{W}_{yy} = 1{,}927 \cdot 10^{-4}$; $\overline{W}_{zz} = 2{,}818 \cdot 10^{-4}$.

Zu Arbeitsschritt 11:

Die ermittelten Arbeiten W_{ii} müssen noch entsprechend dem vorhandenen Elastizitätsmodul E (im Beispiel wurde $E = E_a$ gewählt) und den im Schritt 6 berechneten Maßstabsfaktor f umgerechnet werden. Daraus ergibt sich: $\overline{\overline{W}}_{xx} = 4{,}793 \cdot 10^{-5}$; $\overline{\overline{W}}_{yy} = 1{,}285 \cdot 10^{-4}$; $\overline{\overline{W}}_{zz} = 1{,}879 \cdot 10^{-4}$.

Zu Arbeitsschritt 12:

Mit den Arbeiten W_{ii} aus Schritt 11 und der vorgegebenen Belastung aus Schritt 4 können die Verformungen mit den angegebenen Formeln berechnet werden. Diese Verformungen geben an, um welche Beträge in x, y und z-Richtung sich die beiden im unbelasteten Zustand identischen Kraftangriffspunkte, bei der aktuellen Belastung gegeneinander verschieben.

Zu Arbeitsschritt 13:

Die Ergebnisse aus Schritt 12 beziehen sich auf d = 20 mm x f (Maßstabsfaktor). Für das vorliegende Beispiel gelten die berechneten Verformungen also für eine Wandstärke von 30 mm. Da das zu berechnende Modell nach Bild 2 nur eine Wandstärke von 20 mm besitzt, müssen die Verformungen nach der angegebenen Formel korrigiert werden. $\bar{U}_x = 9{,}555\ \mu m$, $\bar{U}_y = 0$, $\bar{U}_z = 15\ \mu m$. Außerdem besteht an dieser Stelle noch die Möglichkeit, über eine Variation der Wandstärke d die Verformungen $\bar{U}_i$ zu verändern. D. h. wäre hier eine maximal zulässige Verformung von $(\bar{U}_i)$ max = 10 μm vorgegeben, so kann die benötigte Wandstärke nach Umstellen der Formel errechnet werden. Es ergibt sich:

$$\bar{d} = d \left(\frac{U_i}{\bar{U}_i}\right)_{max} .$$

In diesem Fall erhält man eine neue Wandstärke von d = 30 mm. Die Verformungen in den anderen Richtungen ändern sich entsprechend.

Ablaufschema zu den Arbeitsschritten 1 bis 13 ▷

Schritt	Arbeitsschritt	Formel/Abkürzung	Wert
1	Wahl eines Modells	Auswahl aus Bild 3	M9
2	Abmaße des Maschinenbettes	L - Länge des Maschinenbettes B - Breite des Maschinenbettes H - Höhe des Maschinenbettes	L [mm] = 2700 B [mm] = 945 H [mm] = 1215
3	Koordinaten des Punktes I	Koordinaten entsprechend Bild 2	x [mm] = 900 y [mm] = 0 z [mm] = 810
4	Belastung am Kraftangriffspunkt I	F_i - Kraft in Richtung der Achse i M_i - Moment um die Achse i i = x, y, z	F_x [N] = 10^3 F_y [N] = 0 F_z [N] = $-2{,}5 \cdot 10^3$ M_x [N] = 0 M_y [N] = 0 M_z [N] = 0
5	Bildung bezogener Größen	$\bar{y} = B/L; \quad \bar{z} = H/L$	$\bar{y} = 0{,}35$ $\bar{z} = 0{,}45$
6	Maßstabsfaktor	$f = L/L_o; \quad L_o = 1800$ mm	$f = 1{,}5$
7	Abbildung von der $\bar{y}$, $\bar{z}$-Ebene in die α, β-Ebene	$\bar{z}_o = (\bar{z} - 0{,}25)/0{,}25$ $\bar{y}_o = (\bar{y} - 0{,}25)/0{,}25$ Fallunterscheidung: a) $\bar{y} \geqq \bar{z}; \quad \bar{\bar{y}} = \frac{\bar{z}_o^2 + \bar{y}_o}{1 + \bar{y}_o}; \quad \bar{\bar{z}} = \bar{z}_o$ b) $\bar{z} > \bar{y}; \quad \bar{\bar{z}} = \frac{\bar{y}_o^2 + \bar{z}_o}{1 + \bar{y}_o}; \quad \bar{\bar{y}} = \bar{y}_o$ $\alpha = \frac{\sqrt{2}}{2} (\bar{\bar{y}} + \bar{\bar{z}} - \|\bar{\bar{y}} - \bar{\bar{z}}\| - 1)$ $\beta = \frac{\sqrt{2}}{2} (\bar{\bar{y}} - \bar{\bar{z}})$	$\alpha = -0{,}141$ $\beta = -0{,}202$

<table>
<tr><th>Schritt</th><th>Arbeitsschritt</th><th>Formel/Abkürzung</th><th>Wert</th></tr>
<tr><td>8</td><td>Einordnung der
α, β -Werte in Intervalle von I, J</td><td>$\begin{array}{c|c|c|c|c} \alpha_i & -,500 & -,240 & ,092 & ,500 \\ \hline I & 1 & 2 & 3 & 4 \end{array}$ $\quad \alpha_i \leqq \alpha \leqq \alpha_{i+1}$

$\begin{array}{c|c|c|c|c|c|c|c} \beta_i & -,707 & -,418 & -,184 & 0 & ,184 & ,419 & ,707 \\ \hline J & 1 & 2 & 3 & 4 & 5 & 6 & 7 \end{array}$

$\beta_i \leqq \beta \leqq \beta_{i+1}$</td><td>$\alpha_1 = -0,240 \quad I_1 = 2$
$\alpha_2 = 0,092 \quad I_2 = 3$
$\beta_1 = -0,418 \quad J_1 = 2$
$\beta_2 = -0,184 \quad J_2 = 3$</td></tr>
<tr><td>9</td><td>Eingangsgrößen für die Interpolation</td><td>$\xi = \frac{\alpha - \alpha_1}{\alpha_2 - \alpha_1} \qquad \eta = \frac{\beta - \beta_1}{\beta_2 - \beta_1}$</td><td>$\xi = 0,298$
$\eta = 0,923$</td></tr>
<tr><td>10</td><td>Interpolation der Arbeiten W_{ii}.
Die Arbeiten W_{ii} sind gekennzeichnet durch I,J in dem Katalog Seite 106 bis 113 zu finden.</td><td>$\bar{W}_{ii} = W_{ii}(I_1, J_1) \cdot [1 - \xi - \eta + \xi\eta]$
$+ W_{ii}(I_2, J_1) \cdot [\xi - \eta\xi]$
$+ W_{ii}(I_1, J_2) \cdot [\eta - \xi\eta]$
$+ W_{ii}(I_2, J_2) \cdot [\xi\eta]$

$i = x, y, z$</td><td>$\bar{W}_{xx}$ [Nmm] $= 7,190 \cdot 10^{-5}$
$\bar{W}_{yy}$ [Nmm] $= 1,927 \cdot 10^{-4}$
$\bar{W}_{zz}$ [Nmm] $= 2,818 \cdot 10^{-4}$</td></tr>
<tr><td>11</td><td>Umrechnung der Arbeiten</td><td>$\bar{\bar{W}}_{ii} = \frac{1}{f} E_a/E \cdot \bar{W}_{ii}$

f - Maßstabsfaktor
E - Elastizitätsmodul
E_a - 210 000 N/mm^2</td><td>$\bar{\bar{W}}_{xx}$ [Nmm] $= 4,793 \cdot 10^{-5}$
$\bar{\bar{W}}_{yy}$ [Nmm] $= 1,285 \cdot 10^{-4}$
$\bar{\bar{W}}_{zz}$ [Nmm] $= 1,879 \cdot 10^{-4}$</td></tr>
</table>

Schritt	Arbeitsschritt	Formel/Abkürzung	Wert
12	Mit den Arbeiten $\bar{\bar{W}}_{ii}$ aus Schritt 11 und der vorgegebenen Belastung aus Schritt 4 können die Verformungen errechnet werden.	$U_x = A \cdot \quad z\,(M_y + z\,F_x - x\,F_z)\,\bar{\bar{W}}_{yy}$ $\quad - y\,(M_z + x\,F_y - y\,F_x)\,\bar{\bar{W}}_{zz}$ $U_y = A \cdot - z\,(M_x + y\,F_z - z\,F_y)\,\bar{\bar{W}}_{xx}$ $\quad + ((\frac{L}{3})^2\,F_y + x(M_z + xF_y - yF_x))\,\bar{\bar{W}}_{zz}$ $U_z = A \cdot \quad y\,(M_x + yF_z - zF_y)\,\bar{\bar{W}}_{xx}$ $\quad + ((\frac{L}{3})^2\,F_z - x(M_y + zF_x - xF_z))\,\bar{\bar{W}}_{yy}$ F_i - Kräfte im Punkt i M_i - Momente; i = x, y, z x, y, z - Koordinaten des Punktes I $A = \frac{2 \cdot 10^{-5}}{(Nmm)^2}$	U_x [/um] = 6,37 U_y [/um] = 0 U_z [/um] = 12,28
13	Die Verformungen müssen entsprechend der vorliegenden Wandstärke d umgerechnet werden. Zudem kann bei einer unzulässigen Verformung diese über Änderung der Wandstärke entsprechend geändert werden.	$U_i = \frac{d_o \cdot f}{d} \quad \lvert U_i \rvert$ i - x, y, z d_o - Bezugswandstärke = 20 mm d - vorhandene Wandstärke U_i - Verformungen bei Wandst. $d_o \cdot f$ U_i - Verformungen bei Wandst. d	$\bar{U}_x$ [/um] = 9,555 $\bar{U}_y$ [/um] = 0 $\bar{U}_z$ [/um] = 15,0 d [mm] = 20 $\bar{d}$ [mm] = 30

6.3 Programm AUSWAL

```
C*********************************************************************C
C   ZWECK:                                                            C
C                                                                     C
C        EINLESEN DER KATALOGDATEN UND DER DATEN,DIE BELASTUNG        C
C        UND GEOMETRIE DES VORLIEGENDEN MASCHINENBETTES SPEZIFI-C
C        ZIFREN.STEUERUNG DER SUBROUTINEN.                            C
C                                                                     C
C   PARAMETER:                                                        C
C                                                                     C
C        VOL(I,J,L)  : DAS VOLUMEN DER L-TEN VERRIPPUNGSVARIANTE      C
C        VOL1(L)     : DIE INTERPOLIERTEN VOLUMINA DER L-TEN          C
C                      VERRIPPUNGSVARIANTE.                           C
C        DICKE(L)    : DIE DICKE DER L-TEN VERRIPFUNGSVARIANTE.       C
C        W(I,J,K,L)  : SIEHE SUBROUTINE INTPOL                        C
C        WW(K,L)     : SIEHE SUBROUTINE INTPOL                        C
C        X(I),F(I)   : SIEHE SUBROUTINE MAT                           C
C        RM(I)                                                        C
C        K3(L)       : SIEHE SUBROUTINE DRUCK                         C
C        VOL3(L)                                                      C
C                                                                     C
C*********************************************************************C
      DIMENSION W(4,7,3,14),WW(3,14),X(3),RM(3),
     1UVOR(3),VOL(4,7,14),VOL3(14),DICKE(14),K3(14),
     2F(3),VOL1(14)
C
      IN=5
      IO=6
      INN=7
C
C     EINLESEN DER KATALOGDATEN
C
      DO 30 I=1,4
      DO 30 J=1,7
      DO 10 L=1,14
   10 READ(INN,45) VOL(I,J,L)
      DO 20 L=1,14
   20 READ(INN,45)(W(I,J,K,L),K=1,3)
   30 CONTINUE
C
C     EINLESEN DER RANDBEDINGUNGEN
C
      READ(IN,40) (X(I),I=1,3)
      WRITE(IO,50) (X(I),I=1,3)
      READ(IN,40) (F(I),I=1,3)
      WRITE(IO,60) (F(I),I=1,3)
      READ(IN,40) (RM(I),I=1,3)
      WRITE(IO,70) (RM(I),I=1,3)
      READ(IN,40) (UVOR(I),I=1,3)
      WRITE(IO,80) (UVOR(I),I=1,3)
      READ(IN,40) RL,BREITE,HOEHE
      READ(IN,40) E
      WRITE(IO,100) RL,BREITE,HOEHE,E
C
C     BILDUNG DER BEZOGENEN GROESSEN
C
      Z=HOEHE/RL
      Y=BREITE/RL
      FAKT=RL/1800.
C
C     CALL INTPOL (W,Z,Y,WW,VOL,VOL1,IO)
```

```
C
      CALL MAT (X,F,RM,WW,E,FAKT,RL)
C
      CALL AUSWAL (UVOR,WW,FAKT,DICKE,VOL3,K3,VOL1)
C
      CALL DRUCK(VOL3,K3,DICKE)
C
   45 FORMAT(3(E10.3,1X))
   40 FORMAT(3E10.3)
   50 FORMAT(1X,25HKRAFTANGRIFFSPUNKTKOORD. ,/,11X,2HX=,E10.3,11X,
     12HY=,E10.3,11X,2HZ=,E10.3)
   60 FORMAT(1X,10HKRAEFTE    ,/,10X,3HFX=,E10.3,10X,3HFY=,E10.3,
     110X,3HFZ=,E10.3)
   70 FORMAT(1X,10HMOMENTE    ,/,10X,3HMX=,E10.3,10X,3HMY=,E10.3,
     110X,3HMZ=,E10.3)
   80 FORMAT(1X,15HVERSCHIEBUNGEN ,/,10X,3HUX=,E10.3,10X,3HUY=,E10.3,
     110X,3HUZ=,E10.3)
   90 FORMAT(1X,12HVERDREHUNGEN,/,10X,3HPX=,E10.3,10X,3HPY=,E10.3,
     110X,3HPZ=,E10.3)
  100 FORMAT(1X,9HGEOMETRIE,/,6X,7HLAENGE= ,E10.3,6X,7HBREITE=,E10.3
     1,7X,6HHOEHE=,E10.3,/,1X,7HE-MODUL,/,11X,2HE=,E10.3)
C
      STOP
      END
```

```
      SUBROUTINE INTPOL(W,Z,Y,WW,VOL,VOL1,IO)
C
C**********************************************************************C
C                                                                      C
C     ZWECK:                                                           C
C                                                                      C
C           BILDUNG VON 14 ARBEITSVEKTOREN DURCH INTERPO-              C
C           LATION , DIE DEN 14 VERSCHIEDENEN VERRIPPUNGS-             C
C           FORMEN ENTSPRECHEN.                                        C
C                                                                      C
C     VERFAHREN:                                                       C
C                                                                      C
C           ABBILDUNG DES ZQUER - YQUER - GEBIETES IN DAS              C
C           ALPHA - BETA - GEBIET.                                     C
C           INTERPOLATION MITTELS BILINEAREN ANSATZES IM               C
C           ALPHA-BETA- GEBIET.                                        C
C                                                                      C
C     ALPHA(I),BETA(J) :                                               C
C                                                                      C
C           KOORDINATEN VON 28 PUNKTEN IM ALPHA - BETA - GEBIET,       C
C           WOBEI 1.LE.I.LE.4 UND 1.LE.J.LE.7 SEIN MUSS.               C
C                                                                      C
C     PARAMETER:                                                       C
C                                                                      C
C       W(I,J,K,L) : DIE K-TE KOMPONNETE (1.LE.K.LE.3)                 C
C                    DES L-TEN VEKTORS (1.LE.L.LE.14) DER              C
C                    EINGELESENEN ARBEITEN AN DER STELLE Z(I),Y(I).    C
C                    (SIE WERDEN VOM HAUPTPROGRAMM GELESEN)            C
C                                                                      C
C       WW(K,L) :    DIE K-TE KOMPONENTE (1.LE.K.LE.3) DES             C
C                    L-TEN INTERPOLIERTEN VEKTORS (1.LE.L.LE.14).      C
C                    WIRD VON DIESER SUBROUTINE BERECHNET.             C
C                                                                      C
C       Z,Y :        DIE AUF DIE LAENGE BEZOGENE HOEHE BZW. BREITE,    C
C                    SIE WERDEN IM HALPTPROGRAMM BERECHNET             C
C                                                                      C
C**********************************************************************C
C
      DIMENSION ALPHA(4),BETA(7),W(4,7,3,14),VOL1(14),WW(3,14),
     1VOL(4,7,14)
C
C     KOORDINATEN - TRANSFORMATION IN DAS ZQUER YQUER GEBIET
C
      DATA ALPHA/-0.5,-0.24,0.092,0.5/
      DATA BETA/-0.707,-0.416,-0.184,0.,0.184,0.416,0.707/
C
C     ABBILDUNG DER ZQUER YQUER WERTE IN DIE
C     ALPHA BETA EBENE.
C
      FAK=SQRT(2.)/2.
      Z=(Z-.25)/.25
      Y=(Y-.25)/.25
      IF(Y.LT.Z) GOTO 10
      Y=(7*Z+Y)/(1+Z)
      GOTO 20
   10 Z=(Y*Y+Z)/(1+Y)
   20 ZALT=Z
      Z=FAK*(Y+Z-ABS(Y-Z)-1.0)
      Y=FAK*(Y-ZALT)
C
C     INTERPOLATION
C
```

```
      I1=3
      I2=4
      J1=6
      J2=7
      I=0
      J=0
      DIF1=Z-ALPHA(1)
      DIF2=Z-ALPHA(4)
      DIF3=Y-BETA(1)
      DIF4=Y-BETA(7)
      PROZ=DIF1*DIF2
      PROY=DIF3*DIF4
      IF(PROZ.GT.0.OR.PROY.GT.0) GOTO 100
   30 I=I+1
      IF(I.GT.4) GOTO 40
      IF(Z.GT.ALPHA(I)) GOTO 30
   40 J=J+1
      IF(J.GT.7) GOTO 50
      IF(Y.GT.BETA(J)) GOTO 40
   50 JUMP=1
      IF(DIF2.EQ.0) JUMP=JUMP+1
      IF(DIF4.EQ.0) JUMP=JUMP+2
      GOTO (80,70,60,90), JUMP
   60 J1=J-1
      J2=J
      GOTO 90
   70 I1=I-1
      I2=I
      GOTO 90
   80 I1=I-1
      I2=I
      J1=J-1
      J2=J
   90 XI=(Z-ALPHA(I1))/(ALPHA(I2)-ALPHA(I1))
      ETA=(Y-BETA(J1))/(BETA(J2)-BETA(J1))
      XI1=1.-XI
      ETA1=1.-ETA
      DO 95 L=1,14
      VOL1(L)=(VOL(I1,J1,L)*XI1+VOL(I1,J1,L)*XI)*ETA1
      VOL1(L)=VOL1(L)+(VOL(I1,J2,L)*XI1+VOL(I2,J2,L)*XI)*ETA
      DO 95 K=1,3
      WW(K,L)=(W(I1,J1,K,L)*XI1+W(I1,J1,K,L)*XI)*ETA1
   95 WW(K,L)=WW(K,L)+(W(I1,J2,K,L)*XI1+W(I2,J2,K,L)*XI)*ETA
      RETURN
  100 WRITE(IO,110)
  110 FORMAT(1X,'DIE VORGEGEBENE GEOMETRIEFORM LIEGT ',
     7'AUSSERHALB DES KATALOGBEREICHES')
      STOP1
      END
```

```
      SUBROUTINE MAT(X,F,RM,WW,E,FAKT,RL)
C
C*********************************************************************C
C                                                                     C
C     ZWECK:                                                          C
C                                                                     C
C           MIT DEN 14 VON DER SUBROUTINE INTPOL INTERPOLIERTEN       C
C           VEKTOREN DER ARBEITEN WERDEN DURCH EINE MATRIX-           C
C           MULTIPLKT. DIE VERSCHIEBUNGEN ERRECHNET.                  C
C                                                                     C
C     PARAMETER:                                                      C
C                                                                     C
C           X(I)  : DIE I-TE KOORDINATE DES PUNKTES P(I), BEI DEM     C
C                   DIE KRAFT AUF DIE MASCHINE EINGELEITET WIRD.      C
C                   (X(1)=X, X(2)=Y, X(3)=Z). EINGANGSGROESSE         C
C                                                                     C
C           F(I)  : DIE I-TE KOMPONENETE DES KRAFT-VEKTORS            C
C                   DIE AM PUNKT P(I) EINGELEITET WIRD.               C
C                   (F(1)=FX, F(2)=FY, F(3)=FZ). EINGANGSGROESSE      C
C                                                                     C
C           RM(I) : DIE I-TE KOMPONENTE DES MOMENTENVEKTORS,          C
C                   DIE AUF DAS MASCHINENBETT EINGELEITET WIRD.       C
C                   (RM(1)=MX, RM(2)=MY, RM(3)=MZ ) EINGANGSGROESSEC
C                                                                     C
C         WW(K,L) : DIE K-TE KOMPONENTE (1.LE.K.LE.3) DES VON         C
C                   DER SUBROUTINE INTPOL INTERPOLIERTEN L-TEN        C
C                   (1.LE.L.LE.14) VEKTORS.ER WURDE IN INTPOL         C
C                   BERECHNET.EINGANGSGROESSE.                        C
C                                                                     C
C         AUSGANG : DIE IM FELD WW(3,14) GESPEICHERTEN VERFOR-        C
C                   MUNGEN DER 14 MODELLE.                            C
C                                                                     C
C*********************************************************************C
C
      DIMENSION A(3,3),X(3),F(3),RM(3),WW(3,14),ULOKAL(3)
C
      DO 10 I=1,3
   10 A(I,I)=0.
C
      A(1,2)=(RM(2)+F(1)*X(3)-F(3)*X(1))*(2./1.E8)
      A(1,3)=(RM(3)+F(2)*X(1)-F(1)*X(2))*(2./1.E8)
      A(2,1)=(RM(1)+F(3)*X(2)-F(2)*X(3))*(2./1.E8)
      A(3,2)=-X(1)*A(1,2)+F(3)*RL/3.*RL/3.*(2./1.E8)
      A(2,3)= X(1)*A(1,3)+F(2)*RL/3.*RL/3.*(2./1.E8)
      A(3,1)= X(2)*A(2,1)
      A(1,2)= X(3)*A(1,2)
      A(1,3)=-X(2)*A(1,3)
      A(2,1)=-X(3)*A(2,1)
      DO 50 J=1,14
      DO 30 K=1,3
   30 ULOKAL(K)=0.
      DO 40 K=1,3
      DO 40 I=1,3
   40 ULOKAL(K)=ULOKAL(K)+A(K,I)*WW(I,J)
      DO 50 K=1,3
   50 WW(K,J)=ABS(ULOKAL(K))*210000./(E*FAKT)
      RETURN
      END
```

```
      SUBROUTINE AUSWAL(UVOR,WW,FAKT,DICKE,VOL3,K3,VOL1)
C
C*********************************************************************C
C                                                                     C
C     ZWECK: ES SOLL DIE OPTIMALE VERRIPPUNG VON 14 VERSCHIEDENEN    C
C            VERRIPPUNGSFORMEN VON MASCHINENBETTEN                    C
C            BESTIMMT WERDEN.                                         C
C                                                                     C
C                                                                     C
C     PARAMETER:                                                      C
C                                                                     C
C          UVOR(K) : DIE K-TE KOMPONENTE DER VORGEGEBENEN VER-        C
C                    FORMUNGEN FUER DAS VORLIEGENDE MASCHINEN-        C
C                    BETT. (1.LE.K.LE.3)                              C
C                                                                     C
C          WW(K,L) : DIE K-TE KOMPONENTE DER VON DER SUBROUTINE       C
C                    MAT BERECHNETEN VERFORMUNGEN.                    C
C                                                                     C
C          IBEST1  : (1.LE.IBEST1.LE.14) :  DAS BESTE MODELL.         C
C                                                                     C
C          DICKE   : IST AM EINGANG DIE WANDDICKE DES EXISTIERENDENC
C                    MASCHINENBETTES. AM AUSGANG IST ES DIE NEU       C
C                    BERECHNETE DICKE.                                C
C                                                                     C
C*********************************************************************C
C
      DIMENSION UVOR(3),WW(3,14),DIF(14),VOL1(14),DICKE(14)
     1,K3(14),VOL3(14),K1(14)
C
C     BESTIMMUNG DER NOTWENDIGEN WANDSTAERKE (VOLUMEN)
C     DES MASCHINENBETTES,SO DASS DIE VORGEGEBENEN VER-
C     FORMUNGEN EINGEHALTEN WERDEN.
C
      DO 20 L=1,14
      VOL1(L)=VOL1(L)*FAKT**3
      VOLMAX=0.
C
      DO 10 K=1,3
      IF(ABS(UVOR(K)).LT.1.E-20) GOTO 10
      Z=WW(K,L)/UVOR(K)
      D=20.*FAKT*Z
      VOLL=VOL1(L)*Z
      IF(VOLL.LT.VOLMAX) GOTO 10
      VOLMAX=VOLL
      K1(L)=K
      DICKE(L)=D
   10 CONTINUE
   20 VOL1(L)=VOLMAX
C
      DO 40 N=1,14
      VOL2=1.E30
      DO 30 L=1,14
      IF(VOL2.LE.VOL1(L)) GOTO 30
      VOL2=VOL1(L)
      IBEST1=L
   30 CONTINUE
      VOL3(N)=VOL2
      K3(N)=IBEST1
      VOL1(IBEST1)=1.E29
   40 CONTINUE
      RETURN
      END
```

```
      SUBROUTINE DRUCK(VOL3,K3,DICKE,IO)
C
C*********************************************************************C
C                                                                     C
C     ZWECK:   AUSDRUCKEN DER ERGEBNISSE                              C
C                                                                     C
C                                                                     C
C             VOL3(L)  : DIE VOLUMINA DER EINZELNEN MODELLE           C
C                        IN AUFSTEIGENDER REIHENFOLGE                 C
C                                                                     C
C             K3(L)    : DIE ZU VOL3(L) ZUGEHOERIGEN                  C
C                        MODELLNUMMERN                                C
C                                                                     C
C*********************************************************************C
      DIMENSION VOL3(14),K3(14),DICKE(14),IA(40)
C
      N10=1
      DIFER=VOL3(14)-VOL3(1)
      FAK=DIFER/40.
      WRITE(IO,99)
      WRITE(IO,102)
      WRITE(IO,100)
      WRITE(IO,101)
      WRITE(IO,103)
      WRITE(IO,100)
      WRITE(IO,102)
      DO 10 L=1,14
      DIFER=VOL3(L)-VOL3(1)
      STERN=DIFER/FAK
      ISTERN=IFIX(STERN)
      PROZ=(VOL3(L)/VOL3(1))*100
      IPROZ=IFIX(PROZ)
      DO 20 I=1,40
   20 IA(I)=1H
      DO 30 I=1,ISTERN
   30 IA(I)=1H*
      K1=K3(L)
      DK2=DICKE(K1)
      WRITE(IO,100)
      WRITE(IO,101)
      WRITE(IO,104)K1,DK2,IPROZ
      WRITE(IO,105)(IA(I),I=1,40)
      IF(N10.EQ.1)WRITE(IO,106) VOL3(1)
      N10=2
      WRITE(IO,100)
      WRITE(IO,101)
   10 CONTINUE
      WRITE(IO,100)
      WRITE(IO,102)
   99 FORMAT(1H1)
  100 FORMAT(1X)
  101 FORMAT(1H+,1HI,9X,1HI,9X,1HI,9X,1HI,40X,1HI)
  102 FORMAT(1H+,72(1H-))
  103 FORMAT(1H+,10H  MODELL  ,10H  DICKE   ,10H  PROZENT ,
     140H  ERFORDERLICHE VOLUMINA DER MODELLE     )
  104 FORMAT(1H+,4X,1HM,I2,1X,F10.1,2X,I7)
  105 FORMAT(1H+,31X,40(A1))
  106 FORMAT(1H+,35X,13H100 PROZENT= ,E10.3,2X,8H(MM)**3 )
      RETURN
      END
```

6.4 Katalog der Verformungsarbeiten

I=1

MODELL	WXX	WYY	WZZ
J=1			
M 1	0.455E-02	0.205E-03	0.691E-03
M 2	0.693E-04	0.185E-03	0.672E-03
M 3	0.729E-04	0.181E-03	0.377E-03
M 4	0.610E-04	0.159E-03	0.371E-03
M 5	0.603E-04	0.165E-03	0.409E-03
M 6	0.256E-02	0.200E-03	0.675E-03
M 7	0.691E-04	0.181E-03	0.442E-03
M 8	0.175E-02	0.198E-03	0.670E-03
M 9	0.612E-04	0.178E-03	0.421E-03
M10	0.922E-03	0.168E-03	0.648E-03
M11	0.611E-04	0.156E-03	0.420E-03
M12	0.578E-04	0.155E-03	0.397E-03
M13	0.441E-04	0.109E-03	0.384E-03
M14	0.503E-04	0.120E-03	0.335E-03
J=2			
M 1	0.674E-02	0.264E-03	0.740E-03
M 2	0.810E-04	0.220E-03	0.704E-03
M 3	0.952E-04	0.240E-03	0.395E-03
M 4	0.705E-04	0.193E-03	0.381E-03
M 5	0.683E-04	0.195E-03	0.410E-03
M 6	0.426E-02	0.259E-03	0.725E-03
M 7	0.806E-04	0.215E-03	0.441E-03
M 8	0.301E-02	0.259E-03	0.721E-03
M 9	0.697E-04	0.214E-03	0.419E-03
M10	0.162E-02	0.212E-03	0.699E-03
M11	0.696E-04	0.185E-03	0.418E-03
M12	0.654E-04	0.185E-03	0.385E-03
M13	0.516E-04	0.134E-03	0.376E-03
M14	0.584E-04	0.148E-03	0.327E-03
J=3			
M 1	0.964E-02	0.379E-03	0.803E-03
M 2	0.102E-03	0.283E-03	0.733E-03
M 3	0.138E-03	0.354E-03	0.422E-03
M 4	0.868E-04	0.253E-03	0.397E-03
M 5	0.832E-04	0.252E-03	0.417E-03
M 6	0.698E-02	0.374E-03	0.789E-03
M 7	0.102E-03	0.278E-03	0.448E-03
M 8	0.507E-02	0.375E-03	0.785E-03
M 9	0.852E-04	0.279E-03	0.425E-03
M10	0.285E-02	0.297E-03	0.762E-03
M11	0.850E-04	0.237E-03	0.424E-03
M12	0.788E-04	0.241E-03	0.382E-03
M13	0.645E-04	0.181E-03	0.375E-03
M14	0.723E-04	0.197E-03	0.323E-03

MODELL		WXX	WYY	WZZ
M 1		0.129E-01	0.587E-03	0.872E-03
M 2		0.135E-03	0.387E-03	0.748E-03
M 3		0.213E-03	0.558E-03	0.459E-03
M 4		0.112E-03	0.352E-03	0.417E-03
M 5		0.107E-03	0.346E-03	0.431E-03
M 6		0.107E-01	0.580E-03	0.859E-03
M 7	J = 4	0.135E-03	0.381E-03	0.462E-03
M 8		0.789E-02	0.582E-03	0.856E-03
M 9		0.109E-03	0.383E-03	0.439E-03
M10		0.467E-02	0.451E-03	0.830E-03
M11		0.109E-03	0.324E-03	0.438E-03
M12		0.999E-04	0.333E-03	0.388E-03
M13		0.845E-04	0.260E-03	0.382E-03
M14		0.933E-04	0.277E-03	0.325E-03
M 1		0.177E-01	0.565E-03	0.571E-03
M 2		0.144E-03	0.362E-03	0.519E-03
M 3		0.248E-03	0.540E-03	0.325E-03
M 4		0.121E-03	0.329E-03	0.295E-03
M 5		0.117E-03	0.314E-03	0.304E-03
M 6		0.161E-01	0.558E-03	0.562E-03
M 7		0.143E-03	0.356E-03	0.329E-03
M 8	J = 5	0.117E-01	0.560E-03	0.565E-03
M 9		0.121E-03	0.358E-03	0.312E-03
M10		0.720E-02	0.434E-03	0.555E-03
M11		0.120E-03	0.302E-03	0.312E-03
M12		0.113E-03	0.315E-03	0.275E-03
M13		0.962E-04	0.246E-03	0.273E-03
M14		0.105E-03	0.266E-03	0.225E-03
M 1		0.232E-01	0.548E-03	0.386E-03
M 2		0.156E-03	0.343E-03	0.364E-03
M 3		0.306E-03	0.524E-03	0.242E-03
M 4		0.134E-03	0.309E-03	0.218E-03
M 5		0.130E-03	0.287E-03	0.304E-03
M 6		0.240E-01	0.542E-03	0.380E-03
M 7		0.155E-03	0.338E-03	0.244E-03
M 8	J = 6	0.165E-01	0.543E-03	0.384E-03
M 9		0.135E-03	0.340E-03	0.232E-03
M10		0.108E-01	0.420E-03	0.380E-03
M11		0.135E-03	0.284E-03	0.231E-03
M12		0.130E-03	0.300E-03	0.205E-03
M13		0.111E-03	0.236E-03	0.201E-03
M14		0.130E-03	0.300E-03	0.205E-03
M 1		0.288E-01	0.539E-03	0.282E-03
M 2		0.170E-03	0.333E-03	0.271E-03
M 3		0.399E-03	0.514E-03	0.194E-03
M 4		0.149E-03	0.295E-03	0.175E-03
M 5		0.144E-03	0.265E-03	0.176E-03
M 6		0.340E-01	0.532E-03	0.277E-03
M 7		0.169E-03	0.327E-03	0.194E-03
M 8	J = 7	0.216E-01	0.533E-03	0.280E-03
M 9		0.151E-03	0.329E-03	0.184E-03
M10		0.153E-01	0.410E-03	0.278E-03
M11		0.151E-03	0.269E-03	0.184E-03
M12		0.149E-03	0.291E-03	0.164E-03
M13		0.130E-03	0.230E-03	0.157E-03
M14		0.136E-03	0.251E-03	0.126E-03

I=2

MODELL		WXX	WYY	WZZ
M 1		0.416E-02	0.169E-03	0.449E-03
M 2		0.647E-04	0.161E-03	0.445E-03
M 3		0.634E-04	0.146E-03	0.267E-03
M 4		0.569E-04	0.137E-03	0.265E-03
M 5		0.576E-04	0.141E-03	0.301E-03
M 6		0.228E-02	0.164E-03	0.438E-03
M 7		0.646E-04	0.157E-03	0.326E-03
M 8	J=1	0.159E-02	0.161E-03	0.440E-03
M 9		0.587E-04	0.152E-03	0.314E-03
M10		0.806E-03	0.142E-03	0.430E-03
M11		0.587E-04	0.137E-03	0.312E-03
M12		0.556E-04	0.136E-03	0.302E-03
M13		0.415E-04	0.941E-04	0.295E-03
M14		0.478E-04	0.106E-03	0.256E-03
M 1		0.656E-02	0.200E-03	0.471E-03
M 2		0.719E-04	0.180E-03	0.461E-03
M 3		0.786E-04	0.178E-03	0.274E-03
M 4		0.635E-04	0.156E-03	0.269E-03
M 5		0.627E-04	0.158E-03	0.296E-03
M 6		0.400E-02	0.196E-03	0.461E-03
M 7		0.717E-04	0.176E-03	0.320E-03
M 8	J=2	0.286E-02	0.194E-03	0.463E-03
M 9		0.642E-04	0.173E-03	0.306E-03
M10		0.149E-02	0.165E-03	0.454E-03
M11		0.641E-04	0.153E-03	0.305E-03
M12		0.610E-04	0.153E-03	0.288E-03
M13		0.471E-04	0.108E-03	0.284E-03
M14		0.540E-04	0.122E-03	0.244E-03
M 1		0.957E-02	0.257E-03	0.499E-03
M 2		0.850E-04	0.212E-03	0.481E-03
M 3		0.105E-03	0.235E-03	0.285E-03
M 4		0.743E-04	0.186E-03	0.275E-03
M 5		0.723E-04	0.184E-03	0.295E-03
M 6		0.660E-02	0.252E-03	0.489E-03
M 7	J=3	0.846E-04	0.208E-03	0.318E-03
M 8		0.480E-02	0.252E-03	0.492E-03
M 9		0.745E-04	0.206E-03	0.303E-03
M10		0.260E-02	0.208E-03	0.482E-03
M11		0.744E-04	0.179E-03	0.303E-03
M12		0.704E-04	0.182E-03	0.279E-03
M13		0.563E-04	0.132E-03	0.277E-03
M14		0.639E-04	0.149E-03	0.235E-03

MODELL		WXX	WYY	WZZ
M 1		0.134E-01	0.368E-03	0.533E-03
M 2		0.108E-03	0.269E-03	0.502E-03
M 3		0.156E-03	0.344E-03	0.302E-03
M 4		0.928E-04	0.241E-03	0.284E-03
M 5		0.895E-04	0.233E-03	0.298E-03
M 6		0.107E-01	0.362E-03	0.524E-03
M 7	J=4	0.107E-03	0.264E-03	0.321E-03
M 8		0.781E-02	0.363E-03	0.527E-03
M 9		0.926E-04	0.265E-03	0.306E-03
M10		0.450E-02	0.289E-03	0.517E-03
M11		0.925E-04	0.226E-03	0.305E-03
M12		0.870E-04	0.233E-03	0.274E-03
M13		0.720E-04	0.175E-03	0.273E-03
M14		0.802E-04	0.195E-03	0.228E-03
M 1		0.180E-01	0.358E-03	0.366E-03
M 2		0.116E-03	0.259E-03	0.352E-03
M 3		0.187E-03	0.336E-03	0.227E-03
M 4		0.101E-03	0.230E-03	0.212E-03
M 5		0.975E-04	0.217E-03	0.222E-03
M 6		0.161E-01	0.353E-03	0.360E-03
M 7		0.115E-03	0.254E-03	0.240E-03
M 8	J=5	0.116E-01	0.354E-03	0.363E-03
M 9		0.102E-03	0.255E-03	0.229E-03
M10		0.701E-02	0.282E-03	0.359E-03
M11		0.102E-03	0.216E-03	0.228E-03
M12		0.978E-04	0.226E-03	0.206E-03
M13		0.818E-04	0.171E-03	0.204E-03
M14		0.903E-04	0.194E-03	0.167E-03
M 1		0.228E-01	0.353E-03	0.270E-03
M 2		0.126E-03	0.253E-03	0.263E-03
M 3		0.236E-03	0.331E-03	0.184E-03
M 4		0.111E-03	0.223E-03	0.171E-03
M 5		0.107E-03	0.204E-03	0.176E-03
M 6		0.233E-01	0.347E-03	0.266E-03
M 7		0.125E-03	0.248E-03	0.193E-03
M 8	J=6	0.159E-01	0.348E-03	0.268E-03
M 9		0.113E-03	0.249E-03	0.183E-03
M10		0.103E-01	0.277E-03	0.267E-03
M11		0.113E-03	0.209E-03	0.183E-03
M12		0.110E-03	0.223E-03	0.166E-03
M13		0.938E-04	0.170E-03	0.162E-03
M14		0.102E-03	0.193E-03	0.131E-03
M 1		0.283E-01	0.351E-03	0.211E-03
M 2		0.139E-03	0.251E-03	0.207E-03
M 3		0.326E-03	0.328E-03	0.157E-03
M 4		0.124E-03	0.218E-03	0.145E-03
M 5		0.119E-03	0.193E-03	0.146E-03
M 6		0.336E-01	0.345E-03	0.208E-03
M 7	J=7	0.138E-03	0.246E-03	0.162E-03
M 8		0.210E-01	0.345E-03	0.209E-03
M 9		0.127E-03	0.246E-03	0.153E-03
M10		0.149E-01	0.274E-03	0.208E-03
M11		0.127E-03	0.203E-03	0.153E-03
M12		0.127E-03	0.221E-03	0.141E-03
M13		0.110E-03	0.172E-03	0.132E-03
M14		0.117E-03	0.193E-03	0.107E-03

I=3

MODELL		WXX	WYY	WZZ
M 1	J=1	0.371E-02	0.152E-03	0.312E-03
M 2		0.638E-04	0.150E-03	0.311E-03
M 3		0.588E-04	0.128E-03	0.201E-03
M 4		0.551E-04	0.125E-03	0.200E-03
M 5		0.570E-04	0.128E-03	0.231E-03
M 6		0.207E-02	0.146E-03	0.304E-03
M 7		0.636E-04	0.143E-03	0.250E-03
M 8		0.148E-02	0.141E-03	0.306E-03
M 9		0.587E-04	0.138E-03	0.242E-03
M10		0.726E-03	0.129E-03	0.301E-03
M11		0.586E-04	0.128E-03	0.242E-03
M12		0.551E-04	0.127E-03	0.238E-03
M13		0.406E-04	0.861E-04	0.234E-03
M14		0.468E-04	0.990E-04	0.204E-03
M 1	J=2	0.593E-02	0.166E-03	0.320E-03
M 2		0.670E-04	0.159E-03	0.317E-03
M 3		0.684E-04	0.144E-03	0.204E-03
M 4		0.590E-04	0.135E-03	0.202E-03
M 5		0.595E-04	0.137E-03	0.226E-03
M 6		0.359E-02	0.162E-03	0.313E-03
M 7		0.668E-04	0.154E-03	0.245E-03
M 8		0.262E-02	0.158E-03	0.315E-03
M 9		0.611E-04	0.149E-03	0.236E-03
M10		0.132E-02	0.141E-03	0.311E-03
M11		0.610E-04	0.135E-03	0.235E-03
M12		0.582E-04	0.136E-03	0.227E-03
M13		0.440E-04	0.942E-04	0.226E-03
M14		0.511E-04	0.109E-03	0.193E-03
M 1	J=3	0.916E-02	0.197E-03	0.332E-03
M 2		0.755E-04	0.176E-03	0.326E-03
M 3		0.878E-04	0.176E-03	0.208E-03
M 4		0.668E-04	0.153E-03	0.204E-03
M 5		0.660E-04	0.151E-03	0.223E-03
M 6		0.621E-02	0.193E-03	0.325E-03
M 7		0.753E-04	0.172E-03	0.241E-03
M 8		0.459E-02	0.190E-03	0.328E-03
M 9		0.682E-04	0.169E-03	0.231E-03
M10		0.242E-02	0.164E-03	0.324E-03
M11		0.681E-04	0.150E-03	0.230E-03
M12		0.653E-04	0.153E-03	0.217E-03
M13		0.511E-04	0.108E-03	0.217E-03
M14		0.588E-04	0.126E-03	0.183E-03

MODELL		WXX	WYY	WZZ
M 1		0.131E-01	0.252E-03	0.347E-03
M 2		0.903E-04	0.206E-03	0.338E-03
M 3		0.122E-03	0.231E-03	0.216E-03
M 4		0.794E-04	0.181E-03	0.208E-03
M 5		0.773E-04	0.175E-03	0.221E-03
M 6		0.101E-01	0.247E-03	0.341E-03
M 7	J=4	0.899E-04	0.202E-03	0.239E-03
M 8		0.744E-02	0.247E-03	0.344E-03
M 9		0.805E-04	0.201E-03	0.228E-03
M10		0.417E-02	0.204E-03	0.340E-03
M11		0.805E-04	0.174E-03	0.228E-03
M12		0.772E-04	0.180E-03	0.210E-03
M13		0.625E-04	0.131E-03	0.210E-03
M14		0.707E-04	0.152E-03	0.174E-03
M 1		0.170E-01	0.249E-03	0.260E-03
M 2		0.968E-04	0.203E-03	0.254E-03
M 3		0.147E-03	0.228E-03	0.175E-03
M 4		0.857E-04	0.177E-03	0.168E-03
M 5		0.833E-04	0.167E-03	0.176E-03
M 6		0.148E-01	0.244E-03	0.255E-03
M 7	J=5	0.964E-04	0.199E-03	0.192E-03
M 8		0.107E-01	0.243E-03	0.257E-03
M 9		0.877E-04	0.197E-03	0.183E-03
M10		0.637E-02	0.202E-03	0.256E-03
M11		0.876E-04	0.171E-03	0.183E-03
M12		0.854E-04	0.179E-03	0.169E-03
M13		0.703E-04	0.132E-03	0.168E-03
M14		0.787E-04	0.155E-03	0.137E-03
M 1		0.215E-01	0.247E-03	0.205E-03
M 2		0.106E-03	0.202E-03	0.202E-03
M 3		0.194E-03	0.227E-03	0.150E-03
M 4		0.944E-04	0.175E-03	0.143E-03
M 5		0.913E-04	0.160E-03	0.146E-03
M 6		0.218E-01	0.243E-03	0.201E-03
M 7		0.105E-03	0.197E-03	0.162E-03
M 8	J=6	0.149E-01	0.242E-03	0.202E-03
M 9		0.970E-04	0.196E-03	0.154E-03
M10		0.963E-02	0.200E-03	0.201E-03
M11		0.970E-04	0.168E-03	0.154E-03
M12		0.962E-04	0.179E-03	0.143E-03
M13		0.809E-04	0.135E-03	0.138E-03
M14		0.891E-04	0.158E-03	0.112E-03
M 1		0.264E-01	0.248E-03	0.175E-03
M 2		0.117E-03	0.203E-03	0.173E-03
M 3		0.274E-03	0.227E-03	0.136E-03
M 4		0.105E-03	0.174E-03	0.128E-03
M 5		0.101E-03	0.155E-03	0.128E-03
M 6		0.308E-01	0.243E-03	0.171E-03
M 7	J=7	0.116E-03	0.198E-03	0.144E-03
M 8		0.196E-01	0.242E-03	0.171E-03
M 9		0.108E-03	0.196E-03	0.137E-03
M10		0.137E-01	0.200E-03	0.170E-03
M11		0.108E-03	0.166E-03	0.137E-03
M12		0.109E-03	0.180E-03	0.129E-03
M13		0.940E-04	0.140E-03	0.119E-03
M14		0.101E-03	0.161E-03	0.977E-04

I=4

MODELL		WXX	WYY	WZZ
M 1		0.313E-02	0.142E-03	0.236E-03
M 2		0.651E-04	0.142E-03	0.236E-03
M 3		0.564E-04	0.117E-03	0.163E-03
M 4		0.544E-04	0.116E-03	0.163E-03
M 5		0.575E-04	0.118E-03	0.187E-03
M 6		0.182E-02	0.133E-03	0.230E-03
M 7	J=1	0.648E-04	0.132E-03	0.203E-03
M 8		0.132E-02	0.130E-03	0.231E-03
M 9		0.603E-04	0.129E-03	0.198E-03
M10		0.636E-03	0.122E-03	0.229E-03
M11		0.602E-04	0.121E-03	0.197E-03
M12		0.560E-04	0.120E-03	0.196E-03
M13		0.407E-04	0.801E-04	0.194E-03
M14		0.466E-04	0.943E-04	0.172E-03
M 1		0.511E-02	0.150E-03	0.239E-03
M 2		0.654E-04	0.148E-03	0.238E-03
M 3		0.629E-04	0.127E-03	0.164E-03
M 4		0.569E-04	0.123E-03	0.164E-03
M 5		0.583E-04	0.125E-03	0.184E-03
M 6		0.317E-02	0.144E-03	0.233E-03
M 7	J=2	0.652E-04	0.141E-03	0.199E-03
M 8		0.236E-02	0.139E-03	0.235E-03
M 9		0.602E-04	0.136E-03	0.193E-03
M10		0.116E-02	0.128E-03	0.233E-03
M11		0.602E-04	0.127E-03	0.193E-03
M12		0.572E-04	0.127E-03	0.189E-03
M13		0.426E-04	0.867E-04	0.189E-03
M14		0.497E-04	0.103E-03	0.163E-03
M 1		0.800E-02	0.165E-03	0.244E-03
M 2		0.698E-04	0.157E-03	0.242E-03
M 3		0.760E-04	0.143E-03	0.167E-03
M 4		0.617E-04	0.134E-03	0.165E-03
M 5		0.619E-04	0.133E-03	0.180E-03
M 6		0.540E-02	0.160E-03	0.238E-03
M 7	J=3	0.696E-04	0.152E-03	0.196E-03
M 8		0.408E-02	0.156E-03	0.240E-03
M 9		0.639E-04	0.147E-03	0.189E-03
M10		0.210E-02	0.140E-03	0.238E-03
M11		0.639E-04	0.134E-03	0.188E-03
M12		0.616E-04	0.137E-03	0.182E-03
M13		0.473E-04	0.954E-04	0.182E-03
M14		0.550E-04	0.114E-03	0.154E-03

MODELL		WXX	WYY	WZZ
M 1	J=4	0.121E-01	0.195E-03	0.251E-03
M 2		0.799E-04	0.174E-03	0.247E-03
M 3		0.102E-03	0.175E-03	0.170E-03
M 4		0.710E-04	0.151E-03	0.166E-03
M 5		0.699E-04	0.146E-03	0.178E-03
M 6		0.922E-02	0.191E-03	0.246E-03
M 7		0.797E-04	0.170E-03	0.193E-03
M 8		0.691E-02	0.188E-03	0.248E-03
M 9		0.729E-04	0.167E-03	0.185E-03
M10		0.379E-02	0.163E-03	0.246E-03
M11		0.728E-04	0.148E-03	0.185E-03
M12		0.707E-04	0.153E-03	0.175E-03
M13		0.563E-04	0.110E-03	0.175E-03
M14		0.645E-04	0.131E-03	0.144E-03
M 1	J=5	0.157E-01	0.194E-03	0.199E-03
M 2		0.860E-04	0.174E-03	0.197E-03
M 3		0.127E-03	0.174E-03	0.146E-03
M 4		0.768E-04	0.150E-03	0.142E-03
M 5		0.751E-04	0.142E-03	0.148E-03
M 6		0.137E-01	0.190E-03	0.195E-03
M 7		0.858E-04	0.169E-03	0.162E-03
M 8		0.101E-01	0.187E-03	0.196E-03
M 9		0.791E-04	0.166E-03	0.155E-03
M10		0.596E-02	0.162E-03	0.195E-03
M11		0.791E-04	0.147E-03	0.155E-03
M12		0.780E-04	0.155E-03	0.147E-03
M13		0.634E-04	0.113E-03	0.145E-03
M14		0.720E-04	0.136E-03	0.118E-03
M 1	J=6	0.197E-01	0.194E-03	0.171E-03
M 2		0.935E-04	0.174E-03	0.170E-03
M 3		0.170E-03	0.174E-03	0.132E-03
M 4		0.840E-04	0.149E-03	0.127E-03
M 5		0.817E-04	0.139E-03	0.129E-03
M 6		0.198E-01	0.190E-03	0.166E-03
M 7		0.932E-04	0.170E-03	0.144E-03
M 8		0.139E-01	0.187E-03	0.166E-03
M 9		0.867E-04	0.167E-03	0.137E-03
M10		0.890E-02	0.162E-03	0.166E-03
M11		0.867E-04	0.147E-03	0.137E-03
M12		0.867E-04	0.157E-03	0.131E-03
M13		0.724E-04	0.118E-03	0.125E-03
M14		0.807E-04	0.141E-03	0.102E-03
M 1	J=7	0.245E-01	0.195E-03	0.155E-03
M 2		0.103E-03	0.175E-03	0.154E-03
M 3		0.248E-03	0.175E-03	0.123E-03
M 4		0.932E-04	0.149E-03	0.117E-03
M 5		0.901E-04	0.136E-03	0.116E-03
M 6		0.279E-01	0.190E-03	0.149E-03
M 7		0.103E-03	0.170E-03	0.132E-03
M 8		0.184E-01	0.187E-03	0.148E-03
M 9		0.963E-04	0.167E-03	0.127E-03
M10		0.129E-01	0.162E-03	0.148E-03
M11		0.963E-04	0.146E-03	0.127E-03
M12		0.975E-04	0.158E-03	0.121E-03
M13		0.840E-04	0.124E-03	0.111E-03
M14		0.913E-04	0.144E-03	0.922E-04

FORSCHUNGSBERICHTE
des Landes Nordrhein-Westfalen

Herausgegeben
vom Minister für Wissenschaft und Forschung

Die „Forschungsberichte des Landes Nordrhein-Westfalen“ sind in zwölf Fachgruppen gegliedert:

Geisteswissenschaften
Wirtschafts- und Sozialwissenschaften
Mathematik / Informatik
Physik / Chemie / Biologie
Medizin
Umwelt / Verkehr
Bau / Steine / Erden
Bergbau / Energie
Elektrotechnik / Optik
Maschinenbau / Verfahrenstechnik
Hüttenwesen / Werkstoffkunde
Textilforschung

WESTDEUTSCHER VERLAG
5090 Leverkusen 3 · Postfach 300620

GPSR Compliance

The European Union's (EU) General Product Safety Regulation (GPSR) is a set of rules that requires consumer products to be safe and our obligations to ensure this.

If you have any concerns about our products, you can contact us on ProductSafety@springernature.com

In case Publisher is established outside the EU, the EU authorized representative is:

Springer Nature Customer Service Center GmbH
Europaplatz 3
69115 Heidelberg, Germany

Batch number: 10584556

Printed by Printforce, the Netherlands